LECCIONES DE LAS PLANTAS
Beronda L. Montgomery

Lessons from Plants
Copyright © 2021 by the President and Fellows of Harvard College
«This edition is published by arrangement with Harvard University
Press through International Editors and Yañez' Co.»

Edita en castellano: Editorial Carbrame-98, S.L.
Primera edición 2023
Editor: José Ramón de Camps
Traducción: María José Loureiro Sumay
Fotografía de la cubierta: Freepik.com. La portada ha sido diseñada
usando imágenes de Freepik.com
Maquetación e impresión: www.cegeglobal.com

Depósito Legal: B 7198-2023
ISBN: 978-84-126454-8-4

LECCIONES
DE LAS PLANTAS

———

BERONDA L. MONTGOMERY

EDITORIAL
CARBRAME

En memoria de mi querido padre
Las raíces de calidad dan grandes frutos

Índice

Prólogo

No me crié en una granja ni cerca de un bosque, el clásico estilo de educación que podría explicar mi posterior fascinación por la botánica. Pero sí crecí en una casa llena de plantas, que mi madre cuidaba con esmero y atención gracias a su increíble talento para la jardinería.

A nuestro alrededor había plantas por todas partes, tanto dentro como fuera de casa. Los jardines de mi madre eran la joya del vecindario, un oasis verde, una acogedora morada para las plantas en medio de una gran ciudad. Mi madre conseguía cultivar unas flores tan espectaculares y de un verde tan intenso porque estaba muy unida a sus adoradas plantas. Sabía interpretar sus señales y reaccionaba ante ellas: esa planta que se está marchitando necesita más agua, la que tiene las hojas amarillentas necesita abono y la que está inclinada hacia la luz de la ventana hay que girarla para que se reoriente. El cuidado que mi madre dispensaba a las plantas formaba parte de su rutina diaria, una faceta muy arraigada en mi niñez. Observaba de cerca a sus protegidas, de una forma que solo puede ser descrita como «escuchándolas». Cuando les daba lo que creía que necesitaban, ellas respondían creciendo, y creciendo bien.

No puedo decir que entendiera del todo la comunicación que mantenían mi madre y sus plantas, pero sí que pronto advertí sus beneficiosos resultados.

Por mi parte, yo también viví algunos de esos inolvidables momentos con las plantas, experiencias probablemente similares a las de otros niños que paseaban al aire libre en los soleados días de verano. Como la inmensa mayoría de los recuerdos de la infancia, están ligados al peligro... y a la comida. El especial cuidado con el que evitaba la hiedra venenosa en las largas excursiones con mis hermanos. Las dulces y carnosas moras silvestres que engullía en mis preciados paseos durante los ociosos días de julio. El néctar recogido de las flores robadas a los arbustos de madreselva que cuidaba mi madre, un dulce descubrimiento botánico. Por aquel entonces no podía imaginar siquiera que aquellos maravillosos días disfrutando de las plantas en su propio entorno acabarían desembocando en una exitosa y gratificante trayectoria profesional como investigadora botánica.

En cambio, mi natural inclinación y amor por la ciencia y las matemáticas fueron evidentes desde una edad muy temprana. Aunque a algunos miembros de mi familia les extrañaba mi obsesión por las cuestiones aritméticas y científicas, a menudo buscaba actividades «para mí divertidas», tales como acertijos de lógica o experimentos científicos caseros. Nunca me desanimó el hecho de que algunos de esos experimentos salieran mal... ¡incluso cuando requirieron la intervención de los bomberos municipales! Mis intereses se afianzaron en la escuela secundaria, donde tuve la oportunidad de asistir a clases avanzadas de matemáticas y ciencias. Aunque no entendían de dónde venía mi incipiente vocación científica, mis padres me apoyaron incondicionalmente, llevándome a clases de matemáticas en la universidad local después de su trabajo diario y acompañándome sin faltar a la biblioteca pública para investigar y recopilar documentación. Justo cuando mi mente y mi corazón empezaban a funcionar como los de una verdadera científica, asistí a un curso de fisiología vegetal en la universidad que me marcó el camino, orientando por completo mi carrera a la botánica. Fue en esa clase donde vislumbré por primera vez la increíble ciencia de la vida vegetal.

Cuando me incorporé a la ciencia académica como investigadora de biología, lo hice con la idea de aplicar las reglas científicas habituales: formular hipótesis y examinar su validez mediante el cuestionamiento y la observación minuciosa. Creía que iba a dirigir y supervisar investigaciones con visión prospectiva, orientar a futuros científicos y, quizá, en algún momento del trayecto, hacer algunas aportaciones interesantes y novedosas (o eso esperaba) a lo que sabemos sobre el funcionamiento del mundo. Lo que no esperaba, sin embargo, era el formidable bagaje de conocimientos que me proporcionó el estudio metódico y sistemático de los organismos biológicos, especialmente las plantas, y lo que me aportó a nivel personal.

En el curso de fisiología vegetal, me embarqué en mis primeros experimentos oficiales. Estudié el fenómeno por el cual las hojas emergentes de algunos árboles, incluidas algunas variedades de roble, se tiñen transitoriamente de un rojo brillante en primavera. Tras las primeras semanas de crecimiento, los pigmentos de antocianina responsables de la coloración bermeja desaparecen y las hojas adquieren su característico color verde debido a la acumulación de clorofila, el pigmento responsable de la fotosíntesis. Realicé experimentos de ecofisiología —el estudio de la interrelación entre los factores ambientales y la fisiología de las plantas— para comprender la razón de esta acumulación de pigmentos rojos. Estas investigaciones, que apuntaban a que los pigmentos actuaban como pantalla solar contra la luz ultravioleta hasta que las hojas maduraban, despertaron en mí una fascinación constante durante décadas por las respuestas de las plantas a las señales luminosas de su entorno.

Mi pasión por las plantas me llevó finalmente a emprender una carrera como profesora universitaria, con la oportunidad de seguir investigando y enseñando sobre estos fascinantes organismos. Tanto en el aula como en el laboratorio, descubrí lo importantes que eran la orientación y el liderazgo para mi propio desarrollo. Al no haber adquirido conocimientos formales sobre ninguna de las dos cosas en mi carrera académica, empecé a buscar recursos y oportunidades que me dieran la capacidad de hacerlo, así como los medios para compartir mis ideas con colegas que quisieran adquirir las mismas competencias. Mi meta principal en este proceso ha sido habitar plenamente mi espacio, mi vida y mis oportunidades de un modo que respete mis objetivos y lo que soy como persona, asegurándome al tiempo de que puedo ayudar y valorar la condición humana de aquellos con los que me relaciono. El enfoque académico que he desarrollado al estudiar y promover estructuras de apoyo para la orientación y el liderazgo eficaces surgió de mi cuidadosa observación de los sistemas académicos y científicos y sus (dis)funciones. Al examinar estos sistemas, me he dado cuenta de que algunos de los principios biológicos que hemos llegado a reconocer como importantes en los ecosistemas naturales, encierran grandes lecciones para la práctica de una orientación y un liderazgo eficaces y equitativos.

Muchos de nosotros sabemos infinidad de cosas sobre el importante papel que las plantas desempeñan para nuestro bienestar, por ejemplo, produciendo de oxígeno y contribuyendo a nuestra alimentación en forma de verduras, frutos secos y frutas. A mí lo que más me fascina es lo que las plantas hacen por sí solas, con independencia de los humanos. Las plantas existen y prosperan en muchos lugares del planeta aparentemente inhabitables: el árbol que crece en una roca suspendida sobre el océano, los brotes que vuelven a aparecer tras un duro invierno en Michigan, las plantas que brotan a través del asfalto de la entrada de mi casa, que yo creía impenetrable. Viven vidas intensas, complejas y dinámicas de las que podemos extraer valiosas enseñanzas. Como verás, sobreviven y prosperan en entornos variados, forjan relaciones simbióticas, cooperan, se comunican entre sí y trabajan en beneficio de su comunidad.

He aprendido mucho sobre cómo «estar» en este mundo gracias al estudio de las plantas. Con este libro te propongo un viaje similar: descubrir cómo las estrategias y comportamientos individuales y colectivos de las plantas se traducen en una vida flexible y productiva, y las lecciones que podemos aprender de ellas. Es con este tipo de conocimiento y compromiso con el que los seres humanos podemos cuidar mejor de nosotros mismos y de los que nos rodean.

El ser humano es la criatura que menos experiencia tiene de la vida y, por tanto, que más debe aprender del resto de las especies, que son las maestras que nos guían. Estas transmiten sabiduría a través de la manera en que viven. Enseñan con el ejemplo.

—ROBIN WALL KIMMERER,
   Braiding Sweetgrass

Introducción

El sentido del yo

Imagínate una vida en la que la entera existencia deba adaptarse y adecuarse al cambiante, y a veces duro, entorno. Una vida de la que no haya posibilidad de escapar. Así es la vida de una planta. A los humanos nos resulta difícil concebir este tipo de existencia. Aunque solemos permanecer quietos y encarar en el sitio las adversidades temporales, porque disponemos de mecanismos fisiológicos para hacer frente a pequeñas molestias, como tener demasiado calor (sudoración) o demasiado frío (escalofríos), si esas condiciones persisten o se vuelven más extremas, podemos optar por desarraigarnos y trasladarnos físicamente a otro lugar, que esperamos sea mejor.

Las plantas no tienen esa opción.

Al estar prácticamente inmóviles durante todo su ciclo vital, para sobrevivir y prosperar en entornos dinámicos deben tener un agudo sentido de lo que ocurre a su alrededor y la capacidad de responder de forma adecuada. Desde los comienzos mismos de su vida, la percepción del entorno es crucial. El lugar donde cae y germina una semilla determina el entorno en el que la planta que de ella nazca pasará toda su vida. La germinación es el inicio del ciclo vital de las plantas que contienen semillas. La plántula nace de la semilla y luego madura hasta la etapa adulta. Tras un periodo de crecimiento vegetativo, la planta alcanza la fase reproductiva, en la que produce flores. La siguiente etapa va de la floración al desarrollo de las semillas. Una vez liberadas las semillas maduras, la planta adulta alcanza su periodo de senescencia, durante el cual puede perder sus pétalos y hojas. En algunas especies, las plantas mueren después de reproducirse, mientras que en otras pasan por ciclos reproductivos recurrentes[1].

A pesar de que estamos rodeados de plantas, la mayoría de nosotros apenas conocemos sus extraordinarias capacidades para anticiparse, defenderse y adaptarse a unas condiciones en constante cambio. La incapacidad para percibir adecuadamente las plantas y su función en los ecosistemas que habitamos se conoce en ocasiones como «ceguera vegetal»[2]. Este término es cada vez más cuestionado, porque se basa en una metáfora de la discapacidad; es decir, refleja un pensamiento basado en la falta de visión[3]. En su lugar, podríamos referirnos a la tendencia a obviar las plantas como «sesgo vegetal.» De hecho, investigaciones experimentales y encuestas han demostrado que los seres humanos preferimos los animales a las plantas y somos más propensos a fijarnos en ellos y a recordarlos[4]. También necesitamos una expresión paralela que fomente una mayor conciencia y apreciación de las plantas que nos rodean: algunos hablan de «apreciación de la flora», pero yo prefiero «conciencia vegetal»[5]. Reducir los sesgos vegetales y aumentar la concienciación sobre las plantas es importante no solo para las plantas, sino también para los seres humanos, para nuestra salud física, mental e intelectual.

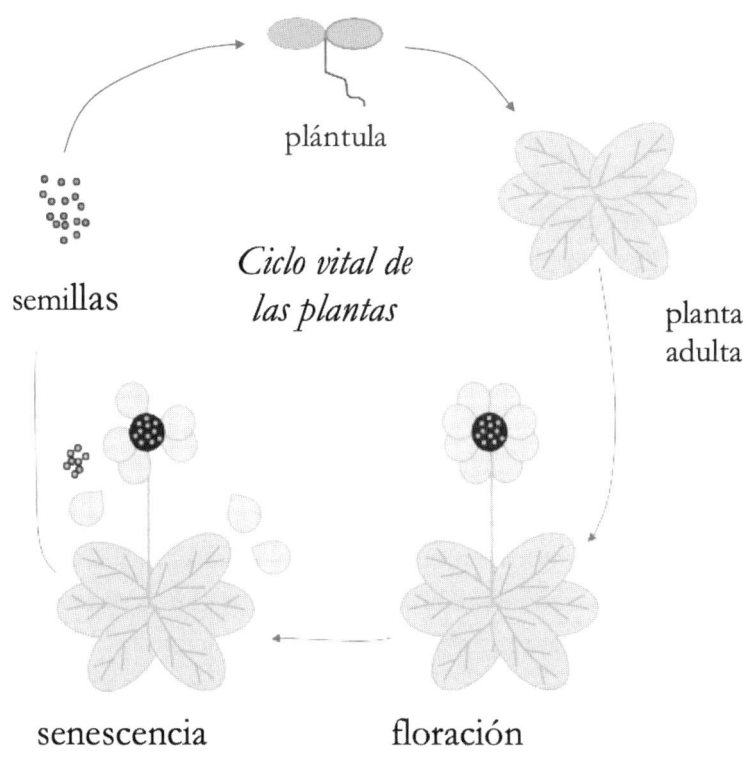

plántula

semillas

Ciclo vital de las plantas

planta adulta

senescencia

floración

La existencia de una planta que contiene semillas comienza con la germinación de una de ellas, que produce una plántula. La plántula crece hasta la fase adulta y luego experimenta una segunda transición, a la fase de floración, que da lugar a la producción de semillas. Una vez liberadas las semillas maduras, la planta adulta alcanza su periodo de senescencia, durante el cual puede perder sus pétalos y hojas.

El propósito de este libro es aumentar tu conciencia vegetal, atenuar los posibles prejuicios que puedas tener sobre ellas e iniciarte en la sabiduría de las plantas y en todo lo que pueden enseñarnos.

Uno de los aspectos que abordaremos es el modo en que las plantas perciben el entorno y responden a él. Si prestas más atención a las plantas que te rodean, encontrarás muchos ejemplos. Seguro que alguna vez has observado que una planta de interior se estira hacia la luz que entra por la ventana. Esta planta está mostrando un comportamiento de adaptación activo: detecta y busca la luz. Como las plantas utilizan la luz para producir su alimento (en forma de azúcares) mediante el proceso de fotosíntesis, se inclinan para conseguirla[6].

Otro ejemplo es la caída de las hojas de los arces en otoño. Se trata de un comportamiento estacional dictado por la necesidad de ahorrar energía: al árbol le resultaría costoso mantener sus hojas durante el invierno. Al deshacerse de ellas, se mantiene en un estado metabólico más tranquilo. El estallido de colores brillantes e intensos que se produce antes de la caída de las hojas (como resultado de la descomposición del pigmento verde clorofila) ilustra el tipo de comportamiento complejo que adoptan las plantas en respuesta a las señales del entorno[7].

Hay una diferencia importante entre un arce que se desprende de sus hojas en otoño y una planta de interior que se inclina hacia la luz. Todas las especies vegetales muestran algunas adaptaciones hereditarias, tales como una forma de hoja característica o un ciclo de vida de hoja caduca o perenne, que han evolucionado con el tiempo y están genéticamente determinadas, transmitiéndose de una generación a la siguiente. Pero las plantas también muestran adaptaciones al entorno que no vienen determinadas genéticamente, sino que se producen en una sola generación o durante un único ciclo vital y, por lo general, no son heredables. Estos cambios, determinados por el entorno, dependen de los genes que se expresan o utilizan activamente. Incluyen cambios en el fenotipo de la planta (sus características observables), como el tamaño, grosor, color u orientación de las hojas, o la longitud o grosor del tallo, en función de los cambios ambientales. Estos cambios de forma y función en respuesta a condiciones ambientales dinámicas, tales como la luz o la disponibilidad de nutrientes, se conoce como plasticidad fenotípica[8].

Las plantas no solo son sensibles y responden a las condiciones ambientales, sino que su consciencia se extiende a otras plantas y organismos que las rodean. Podríamos decir que son unas «vecinas entrometidas». Las plantas saben «dónde» están gracias a su percepción del entorno y también saben «quién» hay alrededor. Este conocimiento les ayuda a tomar decisiones acerca de si cooperar o competir. Competirán con una planta vecina por el acceso a la luz solar solo si tiene sentido hacerlo; si la vecina es mucho más alta y es poco probable que la contienda llegue a buen puerto, se abstendrán de hacerlo. En algunos casos, como veremos, cooperarán para obtener acceso a la luz solar. Las plantas también pueden detectar las respuestas de comportamiento de sus vecinas, lo que les permite ampliar su conocimiento de las señales y los cambios del entorno. Y a veces incluso pueden modificar su comportamiento si sus vecinas son parientes.

Las plantas captan y responden a señales tanto internas como externas y parecen receptivas a la diversidad del ecosistema, es decir, pueden percibir la variedad de individuos que las rodean y las respuestas de estos vecinos a las señales del entorno. Vigilan los cambios externos e inician vías de comunicación interna para coordinar su respuesta a las condiciones dinámicas[9]. Las señales a las que responden pueden ser abióticas, o no vivas, como, por ejemplo, información sobre la temperatura o la disponibilidad de luz, agua o nutrientes. Las señales bióticas, las que emanan de otros organismos vivos, son también señales potentes que pueden, por ejemplo, permitir a una planta defenderse de la depredación, del ataque de los herbívoros o las infecciones bacterianas o víricas. Cuando son atacadas por insectos, algunas plantas producen compuestos que inhiben la digestión de los atacantes, limitando así los daños[10].

Las plantas poseen incluso una forma de memoria. En algunos casos, es el resultado de modificaciones epigenéticas. Este proceso modifica la forma en que se expresan o activan los genes, pero no induce una transformación del código genético en sí. Un estímulo ambiental puede provocar una especie de «indicador» molecular que regule el uso de los genes para la producción o no de una proteína. Esto tiene el efecto de cambiar el fenotipo de la planta. A veces, estos cambios epigenéticos se transmiten a las generaciones siguientes. Los mecanismos definitivos y las funciones específicas del entorno en el control epigenético transgeneracional en las plantas siguen siendo objeto de estudio en la actualidad[11].

Uno de los ejemplos más conocidos de memoria vegetal es la vernalización: algunas plantas no florecen hasta que no han estado expuestas a un largo periodo de frío. «Recuerdan» el frío invernal como una señal de que deben florecer en primavera. Las plantas que siguen la trayectoria del sol, como los girasoles y la malva multiflora, también exhiben memoria, al girarse hacia la dirección de la salida del sol antes del amanecer[12].

Las plantas utilizan las señales internas y externas, así como los comportamientos adaptativos y el balance energético, para aprovechar al máximo el entorno en el que crecen. La fotosíntesis requiere luz, carbono inorgánico (en forma de dióxido de carbono) y agua, pero las plantas también necesitan nutrientes como el fósforo y el nitrógeno. Por tanto, no es de extrañar que sean extremadamente sensibles a la disponibilidad de estos recursos y gestionen con cuidado sus presupuestos energéticos. Para alimentarse, las plantas destinan energía a la producción de las hojas necesarias para recoger la luz solar. A continuación, convierten la energía luminosa recogida en energía química (azúcares), utilizando para ello dióxido de carbono y agua. Al mismo tiempo, limitan los usos no productivos de la energía. Así, en condiciones de luz favorables, asignan energía a la formación de las hojas, detrayéndola de la destinada al desarrollo del tallo.

Las plantas también muestran respuestas adaptativas bien definidas cuando los nutrientes son deficitarios. Para un jardinero, las hojas amarillas son un signo de carencia de nutrientes y de necesidad de abono. Pero si una planta no tiene a nadie que le suministre minerales adicionales, puede hacer proliferar o alargar sus raíces y desarrollar pelos radiculares que le permitan buscar en zonas del suelo más distantes. Las plantas también pueden utilizar su memoria para responder a variaciones temporales o espaciales en la disponibilidad de nutrientes o recursos[13]. La investigación en este campo ha demostrado que las plantas son conscientes en todo momento de su posición en el entorno, tanto en términos espaciales como temporales. Las que han experimentado variaciones en la disponibilidad de nutrientes en el pasado tienden a adoptar comportamientos de riesgo, por ejemplo, destinando energía al crecimiento de las raíces en lugar de a la producción de hojas. Por el contrario, las plantas con un historial de abundancia de nutrientes son reacias al riesgo y ahorran energía. En todas las etapas de desarrollo, las plantas responden a las fluctuaciones o alteraciones del entorno de modo que puedan utilizar su energía para crecer, sobrevivir y reproducirse, limitando al mismo tiempo los daños y los usos no productivos de su preciada energía[14].

En conjunto, este tipo de respuestas sugieren que las plantas tienen la capacidad de aprender y recordar, si entendemos el aprendizaje como un cambio en el comportamiento basado en el recuerdo activo, y la memoria como la comunicación celular de experiencias anteriores[15].

En la medida en que muestran una forma de consciencia y memoria, se podría considerar que las plantas saben «quiénes» y «qué» son. Parten de la base de este autoconocimiento para *existir*. Y es a través de este proceso como disciernen, responden e influyen en los patrones ambientales. En otras palabras, las plantas se esfuerzan al máximo por sobrevivir, al tiempo que evalúan perfectamente sus posibilidades de éxito en función del entorno específico en el que se encuentran.

Así pues, aunque a simple vista para el ojo inexperto pueda parecer que las plantas están «ahí quietas», en realidad muestran un comportamiento consciente e inteligente desde las primeras etapas de desarrollo hasta la senescencia o la muerte. Han desarrollado una extraordinaria capacidad para percibir lo que ocurre a su alrededor y adaptar su crecimiento y desarrollo a las señales del entorno con el fin de maximizar la productividad y la supervivencia. Para el filósofo Michael Marder esta actividad de exploración y vigilancia incesante debería disuadirnos de la idea de que las plantas son seres inmóviles y pasivos; el lugar que ocupa una planta «es el resultado dinámico de su interpretación de la vida y de su interacción con el entorno»[16].

Tanto si decimos que una planta es consciente como si decimos que es inteligente, en ambos casos subyace una apreciación general del comportamiento vegetal. La idea de que las plantas tienen un «comportamiento» y no una existencia o un crecimiento pasivos solo ha empezado a ser aceptada recientemente entre los biólogos. El comportamiento de las plantas se manifiesta a menudo en la forma en que crecen: a un ritmo diferente o en una dirección determinada. Debido a la lentitud de este proceso, su actividad tiene lugar en una escala temporal distinta a la de los movimientos que llamamos «comportamiento» en los animales.

Otro obstáculo que impedía aceptar la idea del comportamiento de las plantas era la creencia, muy arraigada, de que este solo era posible en organismos con un sistema nervioso central, del que carecen las plantas. Pero los científicos empezaron a concebir el comportamiento en un sentido más amplio, como la capacidad de reunir e integrar información sobre las condiciones del entorno externo e interno y de utilizar esa información para alterar las vías internas de señalización o comunicación (redes neuronales en animales y vías de transducción de señales en organismos como las plantas), lo que provoca cambios en el crecimiento o en la asignación de nutrientes y otros recursos. En el sentido descrito, la idea de que las plantas tienen un «comportamiento» se ha hecho más aceptable.

Una vez aceptada esta idea, ¿significa eso que también pueden «elegir», «tomar decisiones» y que tienen «intencionalidad»? La mayoría de los científicos especializados en plantas coinciden en que la capacidad de distinguir entre múltiples señales y de modificar su comportamiento de forma selectiva en función de una señal en lugar de otra es una prueba de que toman decisiones. Michael Marder sostiene que las plantas también tienen intenciones, aunque estas son diferentes de las de los animales: «cuando los animales tienen una intención, ponen en práctica su objetivo activando sus músculos; cuando se trata de plantas, su intencionalidad se expresa en el crecimiento modular y la plasticidad fenotípica. En los animales y las plantas, el comportamiento es la consecución del objetivo fijado en sus respectivas conductas intencionales»[17].

La cuestión de si estas facultades demuestran la existencia de inteligencia o consciencia en las plantas tiene firmes partidarios y, probablemente, un número mayor de detractores, mientras que otros mantienen una postura agnóstica, señalando que las plantas no necesitan consciencia o inteligencia para ser consideradas dignas de estudio y admiración[18]. Al margen de si las plantas poseen conciencia —la capacidad de percibir lo que ocurre a su alrededor y responder en consecuencia— y consciencia —la capacidad de percibir activamente, contemplar y asignar un significado a una decisión sobre una respuesta concreta—, existe un consenso cada vez mayor sobre la complejidad de las plantas y su capacidad de percibir, integrar y responder a los estímulos ambientales. Además, aunque la cuestión de la inteligencia de las plantas sigue siendo objeto de debate e incluso de reticencia, cada vez se acepta más que las plantas y otros organismos, como las hormigas y las abejas, que carecen de cerebros muy desarrollados, pueden mostrar comportamientos inteligentes que les permiten responder como individuos o en comunidad a un entorno dinámico.

La constatación de que las plantas realizan elecciones adaptativas —comportamientos que aumentan sus posibilidades de éxito y supervivencia— es digna de una profunda reflexión y puede aportar valiosas lecciones para los seres humanos. Como todos los organismos biológicos, las plantas suelen adoptar decisiones claramente beneficiosas para ellas. Algunas, sin embargo, pueden calificarse de malas decisiones, bien porque son inadecuadas para la propia planta, bien porque son perjudiciales para otras. Los biólogos creen que, salvo contadas excepciones, las decisiones que toman las plantas suelen redundar en beneficio de su propia supervivencia y reproducción, ya que, a lo largo de su historia evolutiva, las que toman las mejores decisiones tienen más descendencia. Pero a veces lo que es bueno para una especie es malo para otra. Por ejemplo, algunas plantas pueden perjudicar a sus vecinas liberando sustancias químicas nocivas para ellas o apropiándose de ecosistemas enteros. Esta última estrategia suele caracterizar a las plantas consideradas invasoras, como el kudzu, que se ha convertido en un grave problema ecosistémico en el sureste de Estados Unidos, donde ha reemplazado a las plantas autóctonas y perjudicado a los insectos y otros animales locales[19].

Aunque a veces pueden ser perjudiciales, las plantas suelen actuar en beneficio de su propio desarrollo y el de su comunidad. En las siguientes páginas analizaremos varios de estos comportamientos. Podemos aprender mucho observando cómo viven las plantas en su entorno. En particular, el conocimiento de las plantas —las lecciones que estos organismos nos proporcionan sobre la *existencia*— nos demuestra que prosperamos o nos marchitamos en función de nuestra capacidad para saber quiénes somos, dónde estamos y qué debemos hacer. Luego hay que encontrar la manera de avanzar desde ese «sentido del yo», materializándolo en la relación con el entorno y en la consecución de nuestros propios objetivos, una tarea que puede resultar desafiante si estamos angustiados, condicionados o fuera de sintonía con nuestro propósito arraigado, codificado o adaptado. Una planta en dificultades cuenta con algunos medios para mejorar sus posibilidades de recuperación y crecimiento. Y si la planta cuenta con un cuidador capaz de reconocer los signos de angustia, este puede proporcionarle la ayuda necesaria.

Todas las actividades que realizan las plantas (poner en marcha sofisticados sistemas de captación de luz, procurarse nutrientes, advertir del peligro a otros miembros de su comunidad) les permiten percibir su entorno y adaptarse a él. Así es como sobreviven y prosperan. Y es algo que hacen sin interrupción, constantemente, ante nuestros ojos.

Los seres humanos debemos empezar por prestar atención, ir más allá de lo que se aprecia a primera vista para ser plenamente conscientes de cómo las plantas se sustentan a sí mismas y a los demás organismos con los que conviven, y de cómo transforman su entorno. Después, tras una observación atenta y minuciosa, debemos hacernos las preguntas adecuadas para aprender de ellas a vivir con propósito, iniciativa e intencionalidad. Y quizá podamos hacer nuestros algunos de esos comportamientos. Sus lecciones están a nuestra disposición para que podamos aprender.

No cabe duda alguna de que las plantas poseen sensibilidades de todo tipo. Y, así, son constantes sus respuestas al entorno. Pueden hacer todo lo que se nos ocurra.

—BARBARA McCLINTOCK,
citada en EVELYN FOX KELLER,
A Feeling for the Organism

1

Un entorno cambiante

Recuerdo muy bien uno de los primeros experimentos científicos que hice, en la etapa de educación infantil. Observando el desarrollo de un simple brote de judía, descubrí la extraordinaria capacidad de las plantas para adaptarse a su entorno. Y hoy, unas décadas después, me sigue asombrando. El experimento fue organizado por la profesora, que nos pidió que cultiváramos una semilla de judía en el alféizar de la ventana de nuestra casa. Teníamos que poner algodones mojados u otra forma de tierra húmeda en el fondo de un vaso de plástico, añadir unas cuantas judías secas y observarlas a diario. Un buen día hice un descubrimiento emocionante. Comprobé que en una de ellas había aparecido una grieta de la que emergía una pequeña raíz. Luego, en los días siguientes, se desarrolló un tallo por el otro extremo de la judía, sobre el que se desplegaron unas pequeñas hojas. La planta siguió creciendo hacia el sol en el alféizar de la ventana.

Unas semanas más tarde, la profesora nos pidió a todos que trajéramos nuestras plantas para hacer una presentación en clase. Me sorprendió ver que no todas las plantas eran iguales: algunas eran menudas y robustas, mientras que otras eran altas y enjutas. La profesora nos explicó que esas diferencias dependían de la cantidad de luz que entrara por la ventana. Si el alféizar estaba a la sombra, la planta crecía hacia arriba para intentar alcanzar la luz. Era la primera vez que reparaba en una característica esencial de las plantas: están en perfecta sintonía no solo con los niveles de luz, sino con toda una serie de factores ambientales.

Las plantas son conscientes de la luz, la cantidad de agua disponible, el grado de humedad y la abundancia de nutrientes en el suelo. Perciben los cambios en estos factores sondeando el entorno y evalúan qué respuestas deben dar. A partir de la información que recogen, son capaces de modificar su comportamiento, morfología y fisiología para hacer frente a los cambios del medio que las rodea.

La mayoría de nosotros sabemos que las plántulas de judía, al igual que otras plantas verdes, utilizan la luz para producir alimentos mediante el proceso de fotosíntesis. Pero pocos conocemos en detalle la fascinante manera en que responden a las cambiantes condiciones luminosas. La luz influye en las plantas desde el principio de su ciclo vital, estimulando la germinación de algunas semillas cuando aún están bajo tierra[1]. Mientras que las raíces, obedeciendo a la gravedad, crecen hacia abajo, el brote crece en sentido contrario, hacia la luz. Las primeras hojas en aparecer son las hojas embrionarias o cotiledones. Recogen moléculas de pigmentos clorofílicos que «captan» la energía de la luz. Las hojas de la planta de la judía nos parecen verdes porque la clorofila absorbe la luz roja y azul, dejando pasar o reflejando la franja verde del espectro visible. Los fotorreceptores de nuestros ojos distinguen las longitudes de onda que no utilizan los pigmentos fotosintéticos que recogen la luz.

A medida que la plántula crece y madura, sus hojas se estiran hacia el sol para recoger fotones, es decir, cuantos de energía electromagnética. Las moléculas de clorofila de las hojas convierten la energía luminosa en energía química. Esta energía es utilizada para convertir dióxido de carbono en hidratos de carbono. Es a través de este proceso de fotosíntesis —la captación de luz solar para convertir el carbono inorgánico, en forma de dióxido de carbono, en carbono fijo, en forma de azúcares— que las plantas elaboran su alimento.

Las nuevas hojas de la judía no son meros receptores pasivos de luz. Se adaptan a la cantidad de luz que reciben. Pero, ¿cómo miden la luz? Los científicos han descubierto que las plantas son capaces de detectar el número de fotones absorbidos por una unidad de superficie foliar en una unidad de tiempo determinada. La tasa de fotones que inciden en la superficie de una hoja afecta a muchos procesos de la planta, ya que determina la velocidad de las reacciones fotosintéticas; más fotones significan más electrones excitados, lo que se traduce en reacciones más rápidas.

Las moléculas de clorofila que son cruciales para el cálculo de la densidad de flujo de fotones están contenidas en complejos sistemas de captación de luz, llamados «antenas», que atrapan la energía luminosa y la transportan a los «centros de reacción», donde tienen lugar las reacciones químicas. La eficacia con la que las plantas recogen, convierten y aprovechan la energía puede rivalizar perfectamente con la de cualquier célula solar. Pero la planta de la judía de tu jardín hace lo que ninguna célula solar es capaz de hacer en la actualidad: modifica sus estructuras de captación de luz en respuesta a señales dinámicas externas, tales como un cambio en la luminosidad, de una luz tenue a una brillante, o en el predominio de diferentes colores de la luz[2].

Los experimentos realizados en mi laboratorio y en otros con plantas y cianobacterias —bacterias que realizan la fotosíntesis— ponen de manifiesto una notable capacidad para ajustar su sistema de captación de luz con el fin de adaptarse a diferentes condiciones lumínicas. Si la luz es demasiado tenue, los niveles fotosintéticos pueden no ser suficientes para satisfacer las necesidades energéticas del organismo. Pero una exposición excesiva a la luz también es perjudicial. Cuando la cantidad de luz disponible supera la capacidad de la planta para absorberla, el exceso de energía puede provocar efectos secundarios tóxicos. Lo que la planta busca es maximizar la absorción de luz y limitar los daños. Y lo hace «sintonizando» su sistema de captación de luz con las condiciones lumínicas externas.

Las plantas y las bacterias fotosintéticas sintonizan sus antenas de varias maneras. Son capaces de adecuar las proteínas específicas de captación de luz contenidas en las antenas a las longitudes de onda de luz disponibles. También pueden ajustar el tamaño de sus complejos de captación de luz; estos complejos se expanden en condiciones de poca luz para aumentar su absorción, y se encogen en condiciones de mucha luz, para limitar los posibles daños. Obtener la energía lumínica justa, sin excederse, constituye un delicado ejercicio de equilibrio. Mediante las complejas modificaciones de su sistema de captación de luz, las plantas maximizan su producción de energía para sus actividades esenciales.

Al mismo tiempo que una plántula recién germinada realiza estos ajustes dentro de las células, también está ajustando su tallo y sus hojas para optimizar la absorción de luz. Las diferencias de tamaño entre las plántulas de judía que mis compañeros de infantil y yo habíamos llevado a clase eran el resultado de la comunicación coordinada entre los tejidos y los órganos del brote en respuesta a la luz disponible. La posición del tallo es de vital importancia, ya que determina la ubicación de las hojas, que absorben la luz necesaria para producir energía química y azúcares. Cuando las hojas perciben que están en la posición correcta para recibir la cantidad adecuada de luz, envían una señal química de «parada» al tallo, que impide que este siga alargándose. Este proceso, conocido como «desetiolación», da lugar a plantas con tallos cortos y hojas bien desarrolladas. Sin embargo, si las hojas no son capaces de reunir suficiente energía debido a las malas condiciones de luz, envían una señal de «avance» al tallo para que se alargue, con el objetivo de que las hojas puedan recibir más luz. Este proceso, la etiolación, da lugar a plántulas con tallos largos y pocas hojas[3].

Esta respuesta coordinada entre tallos y hojas es un poderoso ejemplo de cómo los órganos de las plantas se comunican en respuesta a las señales cambiantes del entorno. Los botánicos son cada vez más conscientes de que los sensores que detectan estas señales, incluidos los receptores sensibles a la luz, regulan dichas interacciones[4]. Por ejemplo, las observaciones de mi equipo de investigación han arrojado luz sobre el papel que desempeñan las señales genéticas específicas utilizadas en la comunicación entre hojas y tallos para regular la desetiolación, y sobre el papel de las señales procedentes tanto de los brotes como de las raíces en la regulación del desarrollo radicular en función de la luz[5]. Los científicos utilizan la expresión «integración del desarrollo» para referirse a la idea de que las funciones integradas de un organismo dependen de la coordinación de las actividades, el desarrollo y el funcionamiento de cada una de sus partes individuales[6]. Este tipo de respuesta integrada es esencial para nuestra plántula de judía, que no puede desarraigarse y trasladarse a un lugar mejor para escapar de la sequía o la sombra, sino que responde a toda una serie de señales de parada y avance que desencadenan cambios fisiológicos y estructurales para mejorar su situación. Esta plasticidad del desarrollo es crucial para la supervivencia de la planta en un entorno dinámico.

En un caso extremo, una plántula de judía puede llegar a sobrevivir un tiempo sin luz. Al observar las plantas que crecen en la oscuridad, los científicos han descubierto que muestran grandes diferencias de aspecto, forma y función con sus homólogas que crecen en la luz. Esto es cierto incluso para plantas que son genéticamente idénticas y que han disfrutado de las mismas condiciones de temperatura, agua y suministro de nutrientes. Las plantas que crecen en la sombra asignan menos energía a los órganos que no funcionan a pleno rendimiento en la oscuridad, como los cotiledones y las raíces y, en su lugar, promueven el alargamiento del tallo para lograr que la planta salga de la penumbra[7]. A plena luz, las plantas reducen la cantidad de energía utilizada para alargar el tallo en favor de la expansión de las hojas y el desarrollo de un gran sistema radicular. Este es un buen ejemplo de plasticidad fenotípica. La plántula se adapta a las distintas condiciones ambientales modificando su forma y los procesos metabólicos y bioquímicos subyacentes[8].

La plasticidad fenotípica se produce en respuesta a múltiples factores ambientales, no solo a la disponibilidad de luz. Las plantas responden a situaciones de estrés como la sequía, las variaciones de temperatura o la falta de espacio y nutrientes[9]. Para mantener una producción constante de semillas en diferentes condiciones, por ejemplo, la planta de la judía puede modificar cualquiera de los diversos componentes de la productividad vegetal: el número de vainas, el número de granos por vaina o el tamaño de los granos individuales[10].

El tipo de plasticidad fenotípica que da lugar a adaptaciones irreversibles se conoce como plasticidad del desarrollo. Estos cambios, que se producen durante el desarrollo de la planta o que afectan a procesos vitales, suelen ser visibles. Por ejemplo, el alargamiento de la raíz o del tallo, el cese de la producción de hojas, la floración en una época diferente a la habitual o la reducción del tamaño de las semillas.

En cambio, la plasticidad fisiológica o bioquímica se refiere a adaptaciones reversibles que se producen en el interior de las células[11]. Dado que los cambios inducidos no son tan evidentes como un tallo que se dobla hacia el sol o unas hojas que cambian de color, es fácil pasar por alto este tipo de plasticidad. Pero es igualmente importante, ya que permite a la planta adaptar sus complejos de captación de luz para responder a diferentes niveles de luz, o alterar la proporción de diferentes enzimas fotosintéticas en respuesta a los niveles de dióxido de carbono con el fin de garantizar que la energía lumínica se utilice de forma productiva[12].

La necesidad de ajustar su forma y sus procesos metabólicos al entorno obedece al presupuesto energético de la planta de la judía. La plántula dispone de cierta cantidad de energía que debe utilizar para sus actividades diarias, pero que puede distribuir de diferentes maneras. ¿Debe destinar más energía a la formación de una nueva hoja o al alargamiento del tallo?, ¿a alargar las raíces o a formar capullos? Estas preguntas son similares a las que nos hacemos sobre nuestro presupuesto mensual. Después de pagar el alquiler, compruebo cuánto me queda para comer. ¿Voy a comer fideos ramen o sushi con los amigos? Si tengo que hacer una compra importante, como un coche, puede que tenga que comer fideos ramen durante varios meses. En última instancia, si no dispongo de dinero suficiente para cubrir mis necesidades básicas, tendré que trabajar más horas, del mismo modo que la planta necesita adecuarse para absorber más energía lumínica. La capacidad de una planta para ajustar su presupuesto energético a un entorno cambiante es crucial para su supervivencia.

Todos los seres vivos disponemos de un presupuesto energético, pero lo gestionamos de diferentes maneras[13]. Los animales se adaptan cambiando su comportamiento y regulando sus movimientos. En climas templados, por ejemplo, algunos animales, como los osos, hibernan durante el invierno para ahorrar energía cuando escasea el alimento[14]. El proceso de adaptación de las plantas es diferente. Como hemos visto con la planta de la judía, pueden cambiar de forma o realizar cambios bioquímicos. Algunos botánicos consideran estos dos aspectos como un tipo de comportamiento[15]. Otra diferencia entre las plantas y los animales es que las primeras modifican su comportamiento y forma en respuesta al entorno en las diferentes etapas de desarrollo[16]. Mientras que una plántula puede alargar su tallo o hacer crecer más hojas en respuesta a la disponibilidad de luz, una planta madura puede verse obligada a cambiar la posición de sus hojas. Esto puede hacerse cambiando la presión del agua, o turgencia, dentro de las células, o haciendo que distintas partes del pecíolo —el tallo de la hoja— crezcan a ritmos diferentes. En un caluroso día de verano, por ejemplo, una planta puede levantar sus hojas lejos de la superficie de un suelo excesivamente caliente[17].

En un árbol de roble alto entran en juego varias consideraciones. En lo alto de la copa, algunas hojas pueden no recibir suficiente luz porque otras les hacen sombra, o pueden recibir diferentes longitudes de onda de luz[18]. Al doblar o alargar sus pecíolos, estas hojas pueden desplazarse a espacios abiertos que les ofrecen una mayor cantidad o calidad de luz[19].

Cuando pensamos en condiciones ambientales, solemos pensar en luz, agua, nutrientes, etcétera. Pero las judías y las lilas de tu jardín también se enfrentan a otro factor ambiental: los conejos y ciervos que se dan un auténtico festín con ellas. Los jardineros y horticultores están familiarizados con lo que los biólogos llaman plasticidad inducida por animales, que se produce cuando un animal mordisquea una rama o tallo y aparecen nuevas ramas laterales. A veces nosotros mismos inducimos esta reacción al podar. En lugar de los arbustos enjutos y poco ramificados que crecen de forma natural, a veces preferimos arbustos con el aspecto compacto que producen las ramas laterales[20]. Sin embargo, es posible que los arbustos hayan desarrollado esta respuesta por un motivo: una forma más compacta dificulta el acceso de los animales a las flores y los frutos.

Además de la plasticidad bioquímica y del desarrollo, las plantas también responden a las condiciones ambientales a través de la epigenética. En la Introducción explicamos que los cambios epigenéticos son cambios que afectan a la forma en que se regula el ADN, y que algunos de estos cambios pueden heredarse. Uno de los procesos sujetos a regulación epigenética es la vernalización. Este término se refiere a la estimulación de la floración tras la exposición a un largo periodo de frío, que hace que las flores no florezcan hasta que el frío invierno da paso a la primavera. Los científicos han descubierto que las bajas temperaturas modifican la expresión genética de las plantas con este rasgo, y que esa modificación se mantiene durante meses, a través de innumerables divisiones celulares. La planta es capaz de «recordar» que ha sobrevivido al invierno y que ya puede florecer sin problemas. Aunque esta memoria no se transmite a la siguiente generación[21], existen pruebas de que algunas plantas, como el roble blanco de California (*Quercus lobata*), pueden experimentar cambios epigenéticos inducidos por el cambio climático que se transmiten a sus descendientes[22].

Hasta aquí hemos hablado de hojas, tallos y ramas, todas ellas estructuras que se encuentran por encima del suelo. Sin embargo, la respuesta a las condiciones ambientales también tiene lugar bajo tierra, donde las plantas compiten por unos recursos limitados[23].

Las condiciones del suelo distan mucho de ser uniformes. El nivel de pH varía de un lugar a otro; las hojas en descomposición o el cadáver de un animal crean una zona rica en nutrientes[24]. Esta variabilidad también puede deberse a que otras plantas o microorganismos del suelo absorben recursos, provocando una escasez[25]. Ocultas a la vista, las raíces de las plantas son capaces de detectar la fluctuaciones en la disponibilidad de agua, minerales y nutrientes.

En suelos pobres, las plantas destinan una mayor parte de su presupuesto energético al desarrollo de las raíces. Estas raíces se ramifican y desarrollan pelos radiculares (raíces largas y finas) que se extienden hacia abajo y hacia fuera en busca de suelos ricos en nutrientes y agua[26]. Las zonas ricas en nutrientes permiten a las plantas aumentar su biomasa radicular. Las raíces crecen hacia los lados y adquieren mayor densidad para aprovechar estas condiciones favorables. Las raíces responden a variaciones temporales y espaciales. Las plantas pueden aumentar su biomasa radicular si disponen de más nutrientes a corto plazo[27].

Estos cambios en la estructura y el crecimiento de las raíces suelen ser inducidos y promovidos por hormonas, especialmente la auxina, responsable también de que las plantas se inclinen hacia la luz[28]. Los cambios en las raíces tienen consecuencias de gran calado, ya que también afectan a las partes aéreas de la planta. Cuando escasean los nutrientes, las plantas transfieren su energía de los brotes a las raíces, así como a las proteínas de transporte que participan en la absorción de nutrientes[29]. Por el contrario, cuando hay abundancia de nutrientes y las raíces reciben cantidades generosas de nitrato —un aporte indispensable utilizado en la producción de proteínas y otros compuestos celulares—, el equilibrio hormonal se altera para favorecer la ramificación de los brotes[30].

La próxima vez que salgas al jardín o a pasear por el bosque, piensa en todo lo que ocurre bajo tierra. La capacidad de las judía y los robles para controlar la iniciación, el desarrollo y la densidad de las raíces es crucial para el crecimiento y la reproducción de las plantas[31].

Como hemos visto, las plantas tienen una capacidad extraordinaria para percibir las condiciones de su entorno y responder en consecuencia. Los humanos podemos obtener de ellas algunas lecciones útiles para nuestro desarrollo individual y colectivo. Al igual que la planta de la judía detecta la cantidad exacta de luz que incide sobre ella y la naturaleza de los nutrientes que absorben sus raíces, nosotros debemos estar muy atentos a nuestro entorno, reflexionar sobre lo que percibimos y determinar la mejor manera de responder. ¿Tenemos comida y cobijo?, ¿y el apoyo emocional, financiero y logístico de nuestra familia, amigos y lugar de trabajo? Estas son preguntas que debemos plantearnos tanto a corto como a largo plazo. Aunque contemos con planes a largo plazo para cubrir nuestras necesidades básicas, podemos sufrir cambios repentinos o trastornos que nos obliguen a responder en el momento.

Una de las mayores lecciones que he aprendido de la observación de las plantas es la importancia de la autorreflexión consciente, o el equivalente a dedicar tiempo a percibir las condiciones de nuestro entorno. A menudo estamos tan ocupados que no dedicamos tiempo a la autorreflexión y nos olvidamos de preguntarnos si nuestras acciones siguen estando en consonancia con nuestro entorno actual. La importancia de tomarse tiempo para reflexionar sobre lo que ocurre a nuestro alrededor, para estar en sintonía con nuestro entorno, con los recursos y el apoyo disponibles, y luego responder adecuadamente es un acto necesario, que yo defino como la necesidad de «procesar y actuar»[32]. Este funcionamiento es similar a la reactividad de las plantas al entorno.

Según las circunstancias en un momento determinado, la planta de la judía decidirá crecer más o extender sus raíces, destinando más parte de su presupuesto energético a una estructura u otra. Del mismo modo, los humanos hemos de elaborar un plan estratégico para determinar cuánta energía asignar a cada actividad y en qué lugar de nuestra comunidad podemos encontrar la mayor cantidad de recursos en cada momento. Quizá descubramos que para subsistir y satisfacer nuestras necesidades básicas necesitamos más recursos, en cuyo caso puede que tengamos que pedir un aumento de sueldo, mudarnos o apuntarnos a clases en lugar de salir a comer fuera.

El sol y los nutrientes no son inmutables, como tampoco lo son las circunstancias de la vida. Cuando una situación cambia, es importante ser consciente de ello y ser capaz de reaccionar en consecuencia. La humilde plántula de la judía nos ofrece un excelente ejemplo de cómo adaptarse y reacomodarse a las circunstancias externas.

La armonía con que viven árboles y plantas
muestra su mutuo respeto.

—MASARU EMOTO,
The Hidden Messages in Water

2

Amigo o enemigo

Los jardineros siembran pensando en un jardín lleno de flores de colores o en una cosecha abundante. Celebramos la aparición de los brotes en primavera, pero no echamos sin más las semillas al azar en la tierra. Un jardinero experimentado piensa detenidamente qué flores y hortalizas plantará y cómo las agrupará. Los más astutos eligen especies «amigas» que crecen bien juntas para garantizar un entorno sano y de colaboración, y, a menudo, damos ventaja a las plántulas germinándolas en el interior. Ajustamos con esmero la luz, la humedad y el calendario de riego para cultivar nuestras jóvenes zinnias, judías y tomates. Cuando se acaba el riesgo de heladas y trasplantamos las plántulas al exterior, todavía nos queda mucho trabajo por hacer. En las semanas siguientes, para mantener un jardín sano, empezamos a entresacar. Tras examinar la distribución espacial de las plantas jóvenes, sacrificamos algunas para que las demás tengas espacio suficiente para crecer y no compitan entre sí por la luz y los nutrientes. También retiramos las malas hierbas, como los dientes de león y la ambrosía.

En la naturaleza, esta selección tiene lugar sin la intervención del jardinero: algunos brotes mueren, otros son devorados por los herbívoros y otros llegan a la edad adulta. Al observar un tupido grupo de plantones de roble, podemos imaginarnos una lucha encarnizada por la supervivencia. Pero hay mucho más. Por un lado, esta rivalidad entre las plántulas se ve atenuada por la valoración que hacen los árboles jóvenes de sus recursos energéticos; por otro, además de competir, también mantienen una relación de colaboración que puede sorprenderte. Las zinnias, las judías, los tomates y los robles evalúan constantemente si las plantas vecinas, los insectos, los hongos y las bacterias que los rodean son amigos o enemigos, y deciden cómo utilizar mejor su energía para obtener los recursos necesarios.

Como hemos visto, las plantas no invierten su energía a fondo perdido. Por ello, evitan competir más de lo necesario; competirán con sus vecinas, por ejemplo, por el acceso a la luz o a los nutrientes, solo si sus necesidades no están cubiertas. Utilizan distintos mecanismos para determinar cuándo es apropiado iniciar la competición y cuándo retirarse, es decir, echar el freno, para evitar el uso innecesario de valiosos recursos energéticos[1]. Si siguieran compitiendo tras haber obtenido los suficientes recursos, estarían consumiendo energía que podrían necesitar en el futuro. Como alternativa, las plantas pueden optar por cooperar, lo que les permite ahorrar energía al compartir los costes de adquisición.

Para decidir cómo interactuar, la planta, por ejemplo, un plantón de roble, debe establecer qué otros organismos, ya sean plantas, animales o microorganismos, están presentes, si puede comunicarse con estos vecinos para identificar necesidades comunes o complementarias, y si es posible trabajar de forma sinérgica en la adquisición de recursos compartiendo los costes.

¿Cómo sabe el joven roble si un vecino es amigo o enemigo, y qué hacer al respecto? Según los botánicos, muchas especies utilizan el llamado «paradigma de detección-juicio-decisión», un modelo desarrollado por los etólogos. Algo tan sencillo como que una abeja visite una flor puede parecernos un acto aleatorio, pero en realidad comienza con la detección específica de una flor por parte de la abeja. A la detección de la flor le sigue un juicio por parte de la abeja, que elige una flor, y, en última instancia, una decisión de participar activamente. De hecho, los científicos han descubierto que las abejas melíferas tienen capacidades cognitivas que les permiten distinguir entre varias señales visuales, incluso muy similares. Guiadas por la búsqueda de una recompensa, como el néctar dulce, más que por la ausencia de recompensa o por una penalización, como una sustancia amarga, las abejas utilizan las señales visuales para hacer distinciones y elecciones entre las flores[2].

El proceso funciona del mismo modo en las plantas. La planta utiliza sus receptores para detectar la información, que puede conducir a la producción de una señal, tal como una señal eléctrica o una acumulación transitoria de calcio u hormonas; procesa y evalúa esta información, a menudo mediante las hormonas detectadas, para emitir un juicio; y luego toma una decisión, tal como la de cambiar su fenotipo modificando la expresión de un gen[3]. Tomemos como ejemplo los estudios científicos realizados sobre la arabidopsis (*Arabidopsis thaliana*), una pequeña planta cuyas hojas crecen en roseta, como el diente de león. Cuando crecen en gran número cerca unas de otras, sus hojas a veces se hacen sombra mutuamente. Los investigadores descubrieron que las plantas son capaces de detectar la presencia de vecinas cercanas cuando las puntas de sus hojas se tocan. Esta señal es perceptible incluso antes de que la planta advierta los cambios en el espectro luminoso resultantes del amontonamiento de las hojas[4]. Con esta información sobre sus vecinas, la planta decide qué estrategia adoptar para obtener acceso a más luz.

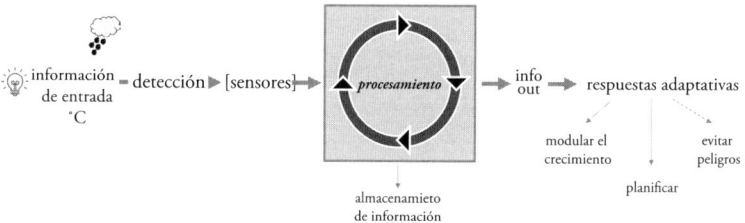

Las plantas aplican un proceso de toma de decisiones basado en su capacidad para detectar señales ambientales mediante sensores (por ejemplo, sensores de luz, temperatura y humedad), procesar la información recibida, almacenar parte de ella (por ejemplo, en forma de cambios epigenéticos) e iniciar respuestas adaptativas, que incluyen la planificación, la modulación del crecimiento y la prevención de peligros.

Muchas plantas también detectan la presencia de otras a través de compuestos orgánicos volátiles (COV) liberados al aire. Estos compuestos son metabolitos secundarios que la planta no utiliza directamente para el crecimiento, el desarrollo o la reproducción, aunque pueden inducir o interactuar con hormonas que controlan estos procesos. A menudo se consideran una forma de lenguaje[5]. Los biólogos han creído durante mucho tiempo que solo los animales tienen la capacidad de identificarse a sí mismos y a sus parientes, es decir, de distinguir si un tejido o individuo es genéticamente idéntico o está estrechamente relacionado con uno mismo. Sin embargo, los experimentos han demostrado que las plantas también son capaces de reconocerse a sí mismas y a las demás, así como a sus parientes[6]. Este reconocimiento suele estar mediado por los COV que las plantas producen de forma rutinaria o en respuesta a una señal ambiental específica, tal como la masticación de una hoja por un escarabajo. Estos compuestos sirven como medio de comunicación entre plantas, ya sean de la misma especie o de especies diferentes, e incluso entre una planta e individuos de otros grupos, tales como insectos y bacterias[7].

A la hora de decidir si compite o coopera, la planta sopesa cuidadosamente los costes que supone destinar sus recursos a una función o a otra[8]. Del mismo modo que nosotros elegimos la opción más ventajosa (¿busco trabajo ya o sigo estudiando primero?), las plantas optan por un curso de acción en función del beneficio esperado. Como veremos, esta capacidad de responder dinámicamente al entorno tiene ventajas tanto a corto como a largo plazo.

El joven roble, como todas las plantas, necesita luz, nutrientes y humedad para crecer, desarrollarse y reproducirse. Sin embargo, estos recursos pueden escasear, sobre todo cuando hay muchas plantas. En tales casos, los individuos que sean más capaces de obtenerlos o utilizarlos de forma más eficiente sobrevivirán más tiempo y tendrán más descendencia. Las plantas pueden haber desarrollado estas respuestas ante la disparidad espacial natural de los recursos en el entorno o a su uso por parte de otros organismos en una zona determinada, por ejemplo, el consumo de nutrientes por parte de organismos que habitan en el suelo, como los microbios[9]. El roble que posea estas habilidades, así como mecanismos de defensa contra los depredadores, sobrevivirá para transmitir más genes a la siguiente generación, por lo que su estrategia se perpetuará.

En una situación de enfrentamiento individual, las plantas suelen elegir una de las siguientes respuestas: enfrentarse y competir, cooperar, tolerar o evitar por completo. En respuesta a las señales del entorno, responden en función de su presupuesto energético[10].

Un ejemplo claro de enfrentamiento y competencia es la rivalidad por la luz. Al depender de la luz solar, las plantas son extremadamente sensibles a la presencia de otras plantas vecinas, que pueden darles sombra y privarlas del espectro de luz roja que se encuentra en la luz solar directa, especialmente beneficiosa para la fotosíntesis. La sombra de las vecinas limita el potencial fotosintético y la producción de energía química.

Las plantas responden a esta situación participando en una forma de competición que se conoce como comportamiento de evitación de la sombra[11]. Cuando las hojas de un roble joven reciben la sombra de sus vecinos, se activa la producción o acumulación de hormonas que favorecen el crecimiento[12]. Esas hormonas hacen que el tronco se alargue (una forma de plasticidad del desarrollo), de modo que el plantón a la sombra podrá «vencer» creciendo más alto que sus vecinos. Entonces, competirá por la luz solar con sus vecinos más cercanos «apresurándose» hacia una abertura en el dosel u otra zona con exposición directa al sol. Otras estrategias consisten en inclinar las hojas hacia arriba, reducir la ramificación enviando más recursos al tallo central o aumentar el crecimiento de las raíces[13]. El ganador de esta carrera podrá reponer y aumentar sus reservas de energía, que podrá utilizar para aumentar la producción de biomasa, defenderse de los peligros o reproducirse[14].

En el Capítulo 1, hablé de las señales de parada y avance que indican a la planta de la judía cuándo debe empezar o dejar de alargarse en función de la cantidad de luz que esté recibiendo. Un proceso similar se produce cuando el joven roble interpreta las señales ambientales para determinar la amenaza de los competidores y activar una respuesta[15]. Una serie de proteínas llamadas «fotorreceptores» son capaces de detectar distintas longitudes de onda de la luz[16]. Estos fotorreceptores no solo indican al arbolito cuánta luz recibe, sino también la calidad de la luz recibida. Cuando detectan una gran proporción de luz en la región roja lejana del espectro, envían una señal de avance, instando a la planta a cambiar de posición para alcanzar una luz más directa. La luz infrarroja, situada en el extremo de las longitudes de onda visibles, corresponde a una luz de baja calidad característica de la sombra. En cambio, si los fotorreceptores detectan una gran proporción de luz roja, típica de la luz solar plena, envían una señal a la planta para que deje de extender su tallo, ya que las condiciones ambientales son favorables. Estos controles y equilibrios en el sistema de comunicación permiten que el joven árbol responda rápidamente modificando su fenotipo, al tiempo que acumula reservas para otras actividades que le ayudarán a crecer, mantenerse y reproducirse.

Otra forma en que las plantas compiten por la luz es mediante el crecimiento lateral, en lugar del vertical. En esta estrategia, en lugar de crecer hacia arriba, las plantas crecen hacia los lados, hacia espacios más abiertos[17]. El crecimiento lateral de las hojas es un proceso mucho más complejo de lo que se pensaba. Los investigadores han hecho el sorprendente descubrimiento de que algunas plantas pueden adoptar un comportamiento competitivo o de cooperación dependiendo de si sus vecinas son parientes cercanas o no. Se trata de un fenómeno conocido en el reino animal y se cree que ha evolucionado porque los individuos emparentados comparten genes. La urraca azul, por ejemplo, comparte por término medio la mitad de sus genes con sus hermanos, algunos de los cuales están relacionados con mayores posibilidades de supervivencia. Por lo tanto, al proteger a su hermano de un depredador, el pájaro también se está asegurando de que persisten sus propios genes de supervivencia[18].

Ahora, los investigadores han descubierto un fenómeno similar en las plantas. Han comprobado que las plantas pueden utilizar el crecimiento lateral de sus hojas para cooperar en lugar de competir. Los estudios sobre *Impatiens pallida* han demostrado que las plantas son capaces de reconocer a sus parientes cercanos a través de sus raíces. Las que están plantadas junto a hermanas crecen de forma diferente a las que están al lado de extrañas. En lugar de competir por la luz, cooperan. Las plantas que crecen junto a parientes se ramifican más y se hacen más frondosas, reduciendo así el solapamiento de las hojas y el ensombrecimiento[19]. Otros experimentos con *Arabidopsis thaliana* también han demostrado que esta planta es menos propensa a rivalizar con vecinas emparentadas. En estos casos, las plantas reconocen a sus parientes por señales aéreas en lugar de subterráneas, mediadas por fotorreceptores sensibles a la luz[20].

Este tipo de comportamiento se ha observado en muchas otras especies, incluidos los árboles. La próxima vez que te encuentres en un bosque, mira al cielo o, si estás en un avión, observa una arboleda desde el aire. Puede que adviertas huecos entre las copas de los árboles vecinos. Este fenómeno, denominado «timidez de las copas» o «espaciamiento de las copas», se atribuyó inicialmente a la fricción causada por la proximidad física[21]. Sin embargo, trabajos más recientes han demostrado que puede deberse a la evitación de la sombra mediada por fotorreceptores o, en algunos casos, a un comportamiento de colaboración. El espaciamiento de las copas es más común entre árboles estrechamente emparentados que entre árboles no emparentados de distintas especies[22]. Así pues, parece que la competición por el acceso a la luz es menos frecuente entre plantas emparentadas o estrechamente relacionadas. El espaciamiento en el dosel arbóreo es una respuesta colaborativa de desarrollo que limita la rivalidad y constituye un ejemplo de cómo las respuestas plásticas a la competición pueden influir en el ecosistema y en la dinámica colectiva y, en última instancia, determinar qué especies sobrevivirán[23].

Además de la competencia y la cooperación, las plantas en condiciones de luz limitada a veces responden mediante la tolerancia. En este caso, las plantas no compiten por la luz activando el crecimiento mediado por hormonas y redistribuyendo sus recursos energéticos como hacen cuando quieren evitar la sombra[24]. En su lugar, las plantas tolerantes a la sombra inician adaptaciones que les permiten producir suficiente alimento en condiciones de luz limitada. Estas plantas tienen hojas más delgadas y grandes con mayores concentraciones de pigmentos clorofílicos para captar más luz roja, que escasea en condiciones de poca luz[25]. Como contrapartida, las plantas tolerantes a la sombra gastan menos energía en producir los pigmentos que actúan como pantallas contra el sol. Así pues, las plantas que evitan la sombra y las plantas que la toleran presentan adaptaciones que les permiten optimizar la captación de luz y su adecuación: las plantas que evitan la sombra optimizan las condiciones de sol, mientras que las plantas que la toleran optimizan las condiciones de sombra.

Conforme crecen, las jóvenes plántulas de roble o de *Impatiens capensis*, perciben la presencia de sus vecinas y evalúan su proximidad, tamaño y parentesco por diversos medios, tanto aéreos como subterráneos. Dependiendo de lo que encuentren en su entorno inmediato, deciden —en términos de moléculas sintetizadas y desplegadas— si compiten, cooperan, evitan o toleran[26]. La capacidad de una planta para determinar cuándo competir y cuándo no es fundamental a la hora de tomar decisiones en materia de energía que le permitan utilizar sus recursos de la forma más eficiente[27].

El posicionamiento de las hojas y el alargamiento del tallo para acceder a la luz son fenómenos perceptibles para el observador curioso, pero bajo tierra también hay un campo de batalla activo. Al igual que las hojas, las raíces de las plantas compiten por el espacio físico y los recursos.

Se puede pensar que las raíces son poco interesantes, pero presentan una variedad de tamaños, longitudes y disposiciones tan maravillosa como las flores, las hojas y los tallos. Algunas son poco profundas, muy reticuladas, con múltiples ramificaciones y conexiones, mientras que otras son largas y profundas, con raíces pivotantes que exploran las profundidades subterráneas. Algunas características son invariables dentro de una especie, mientras que otras pueden responder a las condiciones ambientales.

Del mismo modo que las hojas compiten por la luz en la superficie, las raíces se disputan los nutrientes disponibles[28], que suelen estar distribuidos de forma desigual en el suelo.

Por esta razón, las plantas con raíces que pueden crecer en dirección a los nutrientes, o que son especialmente eficientes en la adquisición o el uso de los recursos, tendrán una ventaja competitiva. Algunos nutrientes existen en una forma que las raíces no pueden absorber fácilmente, por lo que la planta con mayor capacidad competitiva es la que encuentra una forma de acceder a ellos. Un método consiste en convertir los nutrientes en una forma soluble o transportable. Las raíces segregan compuestos que aumentan la solubilidad de los nutrientes o los fijan para que puedan ser absorbidos (véase el Capítulo 3 sobre este tema[29]).

Otro posible método consiste en reclutar microorganismos «amistosos» que se ocupen de convertir los nutrientes para la planta. Pero, ¿cómo consigue una planta que otro organismo se encargue de esta tarea? Una forma es segregar fluidos en el suelo que, al rodear las raíces, alteran el pH o la composición de micronutrientes del suelo y atraen así bacterias u otros microorganismos que puedan colaborar para transformar los nutrientes en una forma biodisponible[30].

La escasez de recursos tales como nutrientes, agua o espacio disponible, puede desencadenar la competición entre las raíces. Estas son capaces de detectar la presencia de otras raíces u obstáculos físicos en el suelo y responder en consecuencia inhibiendo el crecimiento de raíces laterales y pelos radiculares, lo que puede dar lugar a una exclusión competitiva: el aislamiento o la segregación de las raíces, una forma que tienen las plantas vecinas de limitar su crecimiento para evitar enredarse o rivalizar[31]. La competición entre raíces es menos intensa cuando los recursos del suelo son abundantes.

Los investigadores han identificado un proceso competitivo en las raíces similar al que ocurre en la superficie: las plantas adaptan la respuesta de sus raíces en función de si sus vecinas son parientes o extrañas. Un experimento con una planta de las dunas, la roqueta de mar americana (*Cakile edentula*), demostró que las plantas que crecían junto a sus hermanas tenían menos masa radicular que las que crecían junto a extrañas. Al no competir entre ellas, podían destinar menos recursos a sus raíces[32].

Las plantas forjan relaciones de colaboración no solo con otras plantas, sino también con grupos que van desde los hongos a los insectos, pasando por las bacterias. Liberan al aire compuestos que atraen a los insectos necesarios para la polinización o repelen a sus depredadores. Bajo tierra, las sustancias exudadas por las raíces contribuyen a los procesos de cooperación. Estos exudados permiten a las plantas influir en su rizosfera —la zona que rodea el sistema radicular— y en los organismos que la habitan. Pueden atraer a microorganismos que ayuden a la planta a obtener nutrientes y también desempeñan un papel en la identificación de parentescos. Los experimentos han demostrado que los exudados radiculares permiten a algunas plantas distinguir entre hermanas y extrañas[33].

Las sustancias químicas volátiles liberadas al aire por las plantas actúan como señales. Cuando un herbívoro muerde una hoja o un tallo, se liberan moléculas que migran a otros órganos del individuo, así como a las plantas vecinas. ¡Peligro! Las plantas que reciben la señal adoptan una respuesta de defensa química preventiva u otra forma de protección para evitar daños[34]. Las plantas también emplean señales volátiles en otros tipos de interacciones vegetales. Las plantas parásitas, por ejemplo, son capaces de identificar a un huésped por medio de sustancias químicas volátiles, utilizando señales químicas aparentemente similares a las utilizadas por los herbívoros para localizar y distinguir entre plantas[35]. Estas señales de atracción parecen ser producidas de forma natural por las plantas, quizá como metabolitos secundarios o subproductos metabólicos; sin embargo, la producción de sustancias químicas aéreas utilizadas para señalizar el peligro es una respuesta inducida por la actividad de los herbívoros o los daños.

Los compuestos volátiles también participan en mecanismos de protección indirectos. Cuando las hojas de las plantas de maíz son atacadas por una polilla o larva de mariposa, por ejemplo, la planta libera una sustancia química que atrae a la avispa parasitoide, un depredador natural de las larvas. Al alimentarse de las larvas, las avispas atraídas evitan que la planta del maíz sufra daños[36].

Además de comunicarse con otras plantas y con posibles depredadores y polinizadores, las plantas también establecen relaciones simbióticas de colaboración con otros organismos. Las simbiosis —interacciones entre dos organismos diferentes que benefician a ambos— son imprescindibles para el crecimiento y la supervivencia de las plantas. Muchas raíces mantienen interacciones a largo plazo con bacterias fijadoras de nitrógeno; las plantas consiguen acceso a una forma de nitrógeno que pueden utilizar, mientras que las bacterias obtienen azúcares de la planta.

Otras relaciones simbióticas importantes son las micorrizas: asociaciones entre una planta y un hongo, en las que el hongo facilita la absorción de agua y la adquisición de nitrógeno y fosfato para la planta, y esta, a su vez, suministra al hongo alimento en forma de compuestos de carbono[37]. Las micorrizas desempeñan un papel crucial en la creación de comunidades y la comunicación. Un solo hongo puede conectar varias plantas bajo tierra, creando vastas redes y comunidades que se mantienen a través de las raíces de las plantas. Al mismo tiempo, cada planta puede tener una serie de relaciones específicas con otro conjunto de hongos. Las micorrizas establecen redes de intercambio de recursos al permitir que las plantas interconectadas compartan carbohidratos[38]. Las asociaciones micorrícicas son de vital importancia para la supervivencia y el desarrollo de las plantas; casi el 90% de las plantas vasculares se benefician de ellas[39]. Además, las plantas cuyas raíces están conectadas por micorrizas pueden intercambiar señales entre sí. Los experimentos con plantas de judía atacadas por pulgones demostraron que las micorrizas enviaban señales a las plantas de judía conectadas, de forma que las vecinas interconectadas eran advertidas de la presencia de pulgones potencialmente dañinos[40].

Una vez más, las plantas emparentadas parecen recibir un trato de favor. Los investigadores han descubierto que cuando la ambrosía crece cerca de individuos de la misma familia posee redes micorrícicas más extensas. De hecho, las comunidades de plantas emparentadas muestran más interacciones planta-hongo, que se asocian con ventajas para las plantas, tales como el beneficio nutricional de un mayor contenido de nitrógeno en las hojas[41].

Las raíces forman micorrizas con gran rapidez, incluso antes de que la planta pueda iniciar soluciones a más largo plazo, como la proliferación o el desarrollo radicular[42]. Las plantas también pueden adaptar estas asociaciones para responder a condiciones ambientales cambiantes. Cuando los niveles de luz son escasos y la eficiencia fotosintética se reduce, es probable que las asociaciones micorrícicas disminuyan[43]. Cuando las plantas tienen reservas energéticas limitadas o dificultades para reponerlas, no están en condiciones de adoptar comportamientos no esenciales, como las relaciones simbióticas. En condiciones de extrema escasez de recursos, las plantas deben centrarse en su propia supervivencia; no puede compartir compuestos de carbono con hongos a cambio de obtener acceso al fósforo.

Las relaciones simbióticas mutuamente beneficiosas no suelen limitarse a dos socios, como dos plantas o una planta y un hongo. Al estudiar una acacia nativa de las regiones áridas de África y Oriente Medio, los investigadores descubrieron un hongo micorrícico y una bacteria que convivían en las raíces del árbol. En condiciones estresantes de alta salinidad, las plántulas de acacia crecían mucho más cuando eran inoculadas con ambos organismos[44]. Una simbiosis tripartita similar, en la que intervienen micorrizas y bacterias del suelo, influye favorablemente en el crecimiento de las judías mungo y otros cultivos[45]. Estas redes sinérgicas a veces son visibles, pero a menudo están ocultas. La diversidad de estas redes favorece el crecimiento integrado, el mantenimiento y el funcionamiento del sistema en su conjunto.

Hemos visto en este capítulo que las relaciones que las plantas establecen con los demás —ya sean otras plantas, insectos, hongos o bacterias— pueden ser de colaboración o de competición, según los vecinos sean amigos o enemigos. En situaciones de rivalidad, sin embargo, las plantas disponen de métodos que les permiten evitar gastar demasiada energía en comportamientos antagónicos. Y si sus vecinos son parientes, suelen entablar con ellos relaciones fructíferas. Optar por la colaboración puede conducir al éxito, la supervivencia y la longevidad.

Al estudiar cómo interactúan las plantas con los demás, podemos comprender la importancia de construir un ecosistema de apoyo, compañerismo y comunidad. Mi propia red profesional se ha enriquecido enormemente con las aportaciones de quienes están en línea con mi enfoque disciplinar como bioquímica, pero también se ha beneficiado mucho de los conocimientos de otros colegas, sobre todo en materia de tutoría y gestión de equipos, cuando empecé a trabajar en estas áreas.

Mis colaboradores y yo hemos descubierto en nuestro propio trabajo que, cuando intentamos aplicar este modelo a las relaciones humanas, nos topamos con la mentalidad predominante enfocada a los modelos de éxito individual[46]. Por ejemplo, no es extraño que personas procedentes de grupos marginales o inmigrantes de primera generación queden excluidas de las redes locales de conocimiento en entornos educativos o profesionales, lo que puede frustrar sus posibilidades de éxito[47]. A menudo confirmamos que estas personas no tienen acceso a normas no oficiales o no escritas que los instruidos transmiten de forma oral. Pero las relaciones en red que forman las plantas tienen mucho que enseñarnos. Ellas nos proporcionan ejemplos que podemos aplicar a la creación y el mantenimiento de colaboraciones personales, profesionales y educativas (como jardines comunitarios, programas de tutoría basados en la comunidad y el trabajo profesional colaborativo), ofreciéndonos un valioso testimonio del poder de la diversidad dentro de las comunidades.

Cultivar relaciones simbióticas y comunidades interconectadas de apoyo y valores compartidos o recíprocos, donde que cada individuo implicado en el intercambio da y recibe algo a cambio, promueve el éxito individual y la expansión de una comunidad fructífera. Las plantas nos enseñan que las respuestas al entorno no tienen por qué ser individuales; a veces es mejor iniciarlas en colaboración, ya sea en relaciones de dos o tres o como parte de una red más amplia. Las redes más eficaces se crean y mantienen mediante sólidos sistemas de comunicación y diversas interacciones con posibles colaboradores y competidores. Quizá los humanos podamos utilizar las plantas como modelo para ampliar nuestra definición de parentesco. En general, va más allá de quienes están genéticamente emparentados con nosotros y se extiende funcionalmente a individuos de segmentos demográficos similares, ya sean raciales, étnicos o socioeconómicos. Así que vamos más allá de las relaciones genéticas, pero solo en sentido literal, cuando aquellos a los que hemos incluido no están ni más ni menos emparentados genéticamente con nosotros que aquellos a los que excluimos.

Integrar asociaciones que vayan más allá de nuestras ideas preconcebidas en este ámbito puede ser muy beneficioso. Este esfuerzo requiere que primero identifiquemos y luego nos enfrentemos a nuestros prejuicios. Sin embargo, si lo conseguimos, ampliar el grupo de personas a las que consideramos e integramos como miembros de nuestra familia podría transformar radicalmente nuestro entorno actual y nuestras posibilidades colectivas de éxito y desarrollo.

No hay riesgo más aterrador que el que corre la raíz primigenia. Si tiene suerte, algún día llegará a encontrar agua, pero su primera tarea es la sujeción.

—HOPE JAHREN, *Lab Girl*

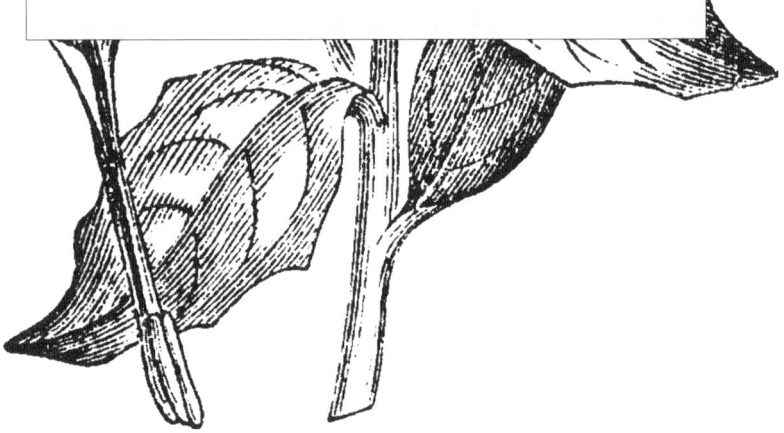

3

Arriesgarse para ganar

Seguramente alguna vez habrás admirado los pétalos amarillos de la enredadera canaria, el llamativo púrpura del aster de pradera y las brillantes flores anaranjadas de las caléndulas al borde de una carretera, en un prado o en un jardín. Todas ellas son flores silvestres anuales, es decir, plantas que completan su ciclo vital en una sola estación de crecimiento. Si te gusta la jardinería, sabrás que debes plantar plantas anuales (pensamientos, zinnias) cada primavera, pero confías en que las perennes (lirios de día, peonías) vuelvan a aparecer año tras año. En la naturaleza, las plantas anuales suelen nacer tras una perturbación, como el invierno o una estación árida. Crecen, florecen y se mueren en poco tiempo. Brotar en tiempos tan inciertos es una estrategia arriesgada, pero tiene sus ventajas. Estas pequeñas plantas limitan la asignación de energía al crecimiento vegetativo, optando, en su lugar, por crecer rápido e invertir en la floración y la formación de semillas[1]. Su corto ciclo vital significa que no tienen que competir con plantas más robustas por el acceso a la luz solar y a los recursos del suelo. La posibilidad de exponerse a depredadores y herbívoros debe sopesarse frente a la oportunidad de tener pleno acceso a la luz del sol y a los nutrientes. La germinación es un riesgo innegable. ¿Debe germinar la semilla inmediatamente después de un mero chaparrón o un solo día caluroso, o debe esperar a que el suelo esté húmedo y las temperaturas sean suaves de forma constante? Algunas especies se han vuelto temerarias, con un umbral de germinación muy bajo, mientras que otras, más reacias al riesgo, esperan a que las condiciones ambientales sean más propicias[2]. La idea de que las plantas pueden realizar evaluaciones de riesgos puede resultarte novedosa, pero los botánicos se han dado cuenta de que las plantas actúan de forma muy similar a los animales a este respecto. La evaluación de riesgos subyace a muchas de las actividades que llevan a cabo. Algunos de sus comportamientos están genéticamente determinados, mientras que otros son flexibles y resultan de decisiones tomadas a lo largo de la vida de la planta.

La forma en que las plantas perciben y evalúan el riesgo puede ofrecernos enseñanzas sorprendentes. Cuando las condiciones locales son desfavorables, sus respuestas van más allá de lo que cabría esperar, sobre todo si estamos acostumbrados a observar a los animales, que tienen la capacidad de recogerse y trasladarse a otro lugar. El hecho de que las plantas pasen todo su ciclo vital en un único entorno ofrece perspectivas únicas sobre la eficacia de la asunción de riesgos. Las plantas evalúan el riesgo y responden a la falta de recursos de forma extraordinaria, y sin moverse del sitio.

En el reino animal, la decisión de asumir o evitar riesgos depende en gran medida de la variabilidad de los recursos y la preocupación por el consumo de energía. Los científicos han desarrollado un concepto que han denominado «teoría de la sensibilidad al riesgo» para predecir cómo responde un animal al riesgo, sobre todo en relación con su presupuesto de recursos y su estrategia de asignación de energía. Según esta teoría, por ejemplo, un animal que se enfrenta a un depredador decidirá si huir o defenderse en función de la cantidad de energía que necesite para procesos internos como el crecimiento, la actividad y la reproducción, y para responder a factores externos como la temperatura[3].

Durante mucho tiempo se asumió erróneamente que las plantas no realizaban evaluaciones de riesgos, pero numerosos estudios recientes indican que sí lo hacen. Evidentemente, no se comportan exactamente igual que los animales en este aspecto. Por ejemplo, las plantas pueden responder a una amenaza redistribuyendo sus recursos, mientras que los animales utilizan estos para huir (o luchar)[4]. Sin embargo, al igual que los animales, las plantas tienden a correr más riesgos en entornos dinámicos o impredecibles y en épocas de escasez. Si las raíces de una planta se encuentran entre dos zonas, una con un nivel constante, pero bajo, de nutrientes y otra con niveles variables, la planta optará por desarrollarse mucho más en la segunda. De este modo, la planta apuesta porque recibirá un nivel suficiente de nutrientes, aunque sea de forma intermitente[5]. En este sentido, se aproxima al comportamiento de detección de riesgos que se da en el reino animal. Cuando los recursos son constantes y suficientes, los individuos asumen menos riesgos. Pero cuando los recursos varían, los individuos suelen adoptar comportamientos arriesgados para aumentar sus probabilidades de éxito a largo plazo.

La evaluación de riesgos y la toma de decisiones están presentes en casi todas las fases del ciclo vital de una planta. En cuanto germina la semilla, la planta evalúa sus necesidades de luz y nutrientes y realiza adaptaciones en función de la disponibilidad de estos recursos. Como las plantas están en todo momento pendientes de las señales del entorno, perciben rápidamente los cambios y pueden responder a corto o largo plazo, según convenga. Los científicos han descubierto que las plantas son sumamente sensibles a las variaciones espaciales o temporales en los niveles de recursos. Sorprendentemente, disciernen no solo si la concentración de un recurso concreto está cambiando, sino también con qué rapidez lo está haciendo (es decir, la inclinación del gradiente[6]). Responder a unas condiciones ambientales tan dinámicas conlleva riesgos, pero, a la larga, esta estrategia mejora el crecimiento y la supervivencia[7].

Las plantas evalúan el rendimiento potencial de la inversión para asignar preferentemente la energía al crecimiento, la reproducción o la defensa en función de las condiciones del entorno y la disponibilidad de recursos. Los compuestos orgánicos volátiles (COV) pueden actuar como potentes señales sobre las condiciones de vida presentes y futuras, ayudando así a las plantas a decidir cómo asignar su energía. Como vimos en el Capítulo 2, las plantas que están siendo atacadas por herbívoros liberan COV como señal de advertencia a las demás. Pero, ¿debería la planta que recibe esa señal dedicar más recursos a protegerse de un ataque que quizá nunca llegue a producirse? Un fascinante estudio sobre la artemisa demostró que las plantas que recibían un aporte adicional de agua eran más propensas a defenderse en respuesta a las señales de advertencia que las que solo recibían agua de lluvia. En otras palabras, las que disponían de más recursos estaban más dispuestas a destinar energía a la defensa[8]. En un experimento similar con plantas de guisantes, las que estaban sometidas a estrés hídrico comunicaron señales a sus vecinas con buena disponibilidad, probablemente a través de las raíces, que sirvieron como advertencia del peligro. Estas últimas mostraron una reacción de estrés, presumiblemente anticipándose a una inminente sequía[9].

El comportamiento de asunción de riesgos es especialmente frecuente cuando los recursos son variables o limitados. Las plantas pueden responder redistribuyendo sus recursos (a corto o largo plazo), organizándose para obtener más recursos, interrumpiendo su crecimiento o, en casos extremos, determinando que el entorno es inadecuado para seguir existiendo. Por ejemplo, una planta con flores que no reciba suficiente luz solar o nutrientes para sobrevivir puede desviar sus reservas energéticas a la producción de semillas. Estas serán transportadas a otro lugar por el viento o los animales, o caerán al suelo, donde se almacenarán a la espera de condiciones más favorables[10].

Las plantas actúan como «estrategas dinámicos», modificando su comportamiento en función de su percepción del estrés o de las restricciones ambientales[11]. Analicemos primero el caso de los nutrientes. Las plantas con acceso a niveles altos y constantes de nutrientes no necesitan correr riesgos. Simplemente extienden sus raíces por un espacio en el que abundan los nutrientes[12]. Cuando el suministro de nutrientes es escaso o irregular, es arriesgado iniciar un proceso que requiera mucha energía. Sin embargo, esto no impide que algunas plantas movilicen energía para estimular la proliferación y el desarrollo de las raíces en tales situaciones si el beneficio alimentario compensa el esfuerzo. Otras respuestas a la baja disponibilidad de nutrientes incluyen la degradación de la clorofila (desverdización) para reducir el metabolismo celular que depende del nutriente limitado, o el aumento de la capacidad para absorber nutrientes del suelo[13]. Las plantas con recursos limitados también son las más precisas en su asignación de recursos, tal vez porque los riesgos de una menor absorción de nutrientes y los efectos perjudiciales sobre el crecimiento y la reproducción son mayores si se toma una decisión equivocada[14].

El hierro es un nutriente esencial para las plantas por su papel en la fotosíntesis. Se encuentra en los fotosistemas que absorben la luz y funciona como un cofactor necesario para las reacciones químicas de captación de luz[15]. Sin embargo, en lo suelos, el hierro suele estar presente en una forma insoluble y oxidada —equivalente al óxido—, que no puede ser absorbida por las raíces ni utilizada para sintetizar compuestos necesarios para el metabolismo y la fotosíntesis[16]. Las plantas utilizan distintas estrategias para resolver este problema, dependiendo de si la limitación de hierro es alta o baja.

Algunas plantas pueden aumentar su absorción de hierro mediante el uso de compuestos químicos denominados «sideróforos», que fijan y transportan el hierro. Es una táctica común en las gramíneas[17]. Los sideróforos son excretados por las raíces al suelo, donde crean complejos con el hierro. Los complejos hierro-sideróforo son absorbidos por proteínas especializadas denominadas «transportadores»[18]. A continuación, las células vegetales convierten el hierro de una forma insoluble a una soluble, que se libera para su uso metabólico.

Otras plantas, en su mayoría monocotiledóneas no gramíneas (es decir, plantas herbáceas distintas de las gramíneas) y las dicotiledóneas, se sirven de diferentes estrategias para conseguir hierro[19]. Una de ellas consiste en excretar protones desde las raíces, lo que aumenta la acidez del suelo y hace que el hierro sea más soluble. Otra depende de la interacción con determinados microbios del suelo que sintetizan sus propios sideróforos[20].

Además del hierro, otros nutrientes son de gran importancia en la fisiología, la estructura y el funcionamiento de las plantas. El nitrógeno desempeña un papel decisivo como constituyente de los aminoácidos (los bloques de construcción de proteínas) y de la clorofila[21]. Como en el caso del hierro, la limitación de nitrógeno a corto plazo desencadena respuestas para aumentar su absorción y utilización. Algunas de estas respuestas provocan cambios en la estructura o el desarrollo, tales como cambios en la morfología de las raíces[22]. Las plantas inician la proliferación del sistema radicular para intensificar la búsqueda de nitrógeno, a menos que la escasez persista durante un periodo prolongado. En este caso, la planta decidirá frenar el desarrollo de sus raíces con el fin de conservar energía para la supervivencia o la reproducción[23]. La proliferación de raíces requiere una importante inversión de energía, que puede ser arriesgada, ya que la planta está apostando a que la inversión en un sistema radicular más extenso aumentará las posibilidades de encontrarse con un terreno rico en nitrógeno.

Y como hemos visto con otros tipos de estrategias de adquisición de recursos, las plantas pueden elegir respuestas individuales o colaborativas. Lo mismo ocurre con el nitrógeno. Muchas plantas responden a la disponibilidad limitada de nitrógeno entablando relaciones sinérgicas con bacterias fijadoras de nitrógeno. Estas bacterias pueden estar localizadas dentro de las raíces, en estructuras llamadas nódulos, o en su superficie[24]. Esta interacción simbiótica comporta un intercambio bilateral beneficioso para ambas partes. Las plantas transfieren carbono a las bacterias y las bacterias producen nitrógeno en una forma que la planta puede absorber fácilmente.

Otro nutriente importante es el fósforo, que está presente de forma natural en el suelo en cantidades relativamente pequeñas[25]. El fósforo es fundamental para el desarrollo, el crecimiento y el mantenimiento, ya que es un constituyente de los ácidos nucleicos ADN y ARN, así como de la molécula de almacenamiento de energía ATP y de los fosfolípidos presentes en las membranas celulares[26]. Ante la falta de fósforo, las plantas recurren a diversas estrategias. Pueden, por ejemplo, aumentar la solubilidad del fósforo alterando la acidez del suelo mediante la excreción de protones, de forma similar a lo que ocurre en una situación de suministro insuficiente de hierro[27]. Si el objetivo es la adaptación a más largo plazo, la planta puede decidir invertir más energía en el desarrollo de su sistema radicular, una respuesta similar a la observada en condiciones de limitación de nitrógeno[28].

Como en este último caso, la colaboración es la forma de hacer frente a los bajos niveles de fósforo a largo plazo. Algunas plantas, como vimos en el Capítulo 2, han desarrollado la capacidad de interactuar con hongos formando micorrizas. Esta asociación simbiótica les permite absorber el fósforo del suelo de manera más eficaz[29].

Es importante recordar que cuando las plantas entablan relaciones simbióticas para aumentar el acceso a los nutrientes, siguen asumiendo riesgos. Al invertir energía en ello, están confiando en la reciprocidad y en que un mayor acceso a los recursos aumentará su adecuación al medio y sus posibilidades de supervivencia. Así pues, la planta espera que el trabajo en equipo para aumentar la captación de recursos le reporte más beneficios de lo que le cuesta producir los azúcares que ofrecerá a sus socios fúngicos. Pero no siempre es así. En algunas condiciones, los costes en carbono superan los beneficios alimentarios que la planta recibe a cambio, lo que hace que la asociación micorrícica pase de simbiótica a parasitaria[30].

Del mismo modo que las plantas modifican su comportamiento en función de la disponibilidad de nutrientes y de los riesgos percibidos, también deben tener en cuenta la disponibilidad de otros factores ambientales, vitales y variables, como la luz y el agua.

Cuando una planta no tiene acceso a la luz adecuada, ya sea por el ensombrecimiento o la competencia, debe adaptarse. Un ejemplo de adaptación estructural a largo plazo a la disponibilidad limitada de luz es la modificación de la arquitectura de las hojas. Las hojas que crecen a pleno sol, conocidas como «hojas de sol», son gruesas y contienen más células en empalizada que células esponjosas del mesófilo. Las células en empalizada albergan un gran número de cloroplastos —los motores de la fotosíntesis— mientras que las células esponjosas del mesófilo, que constituyen el tejido interno de la hoja, cuentan con menos cloroplastos y más espacios intercelulares. En comparación con las hojas de sol, las hojas de sombra son más delgadas, tienen menos clorofila y más células mesófilas esponjosas que células en empalizada[31].

Construir una hoja es una inversión costosa y, por tanto, arriesgada. Una estructura foliar concreta optimiza la captación de luz y la conversión de luz en energía química en un entorno específico. La misma hoja rendirá menos en un entorno diferente. Las hojas de sol no funcionan bien a la sombra, ya que poseen demasiada clorofila para la luz disponible. Y las hojas de sombra, por otro lado, son vulnerables a la fototoxicidad cuando están a pleno sol: producen menores cantidades de pigmentos fotoprotectores, ya que invierten energía en desarrollar una arquitectura foliar específica y otros aspectos fisiológicos adecuados a su situación de sombra[32].

Así pues, la inversión en la arquitectura foliar conlleva riesgos, ya que la hoja puede acabar en un entorno lumínico inadecuado. Las plantas evalúan estos riesgos tratando de determinar si la exposición a un entorno particular o a un nivel concreto de recursos (abundancia o limitación) será breve o duradera. Si parece que va a durar, puede ser beneficioso arriesgarse a modificar la morfología de las hojas.

También existen riesgos asociados a la modificación de otros elementos arquitectónicos, como el desarrollo de nuevos brotes o ramas. Las plantas tienen la capacidad de regular el número y el tamaño de las nuevas ramas, cuyo inicio y desarrollo consumen mucha energía, en función de los riesgos ambientales. En algunas situaciones, compensará invertir en ramas y hojas adicionales que mejorarán la producción de flores y semillas, pero, en otros casos, será preferible limitar rápidamente el crecimiento y la floración antes de que las condiciones ambientales empeoren. Los investigadores que estudiaron las plantas anuales mediterráneas han descubierto que estas evalúan los riesgos y los costes potenciales de invertir en grandes estructuras vegetativas en función de la fiabilidad de las señales ambientales. Para ajustar sus patrones de crecimiento se basan más en señales fiables, como la duración del día, que en datos aleatorios, como la disponibilidad de agua[33].

Otro factor que induce comportamientos relacionados con el riesgo es la conservación del agua. Las hojas tienen pequeños poros, llamados «estomas», que absorben dióxido de carbono y expulsan vapor de agua. Las plantas regulan su equilibrio hídrico ajustando la apertura y el cierre de los estomas, mediante diferentes estrategias basadas en criterios de riesgo. Los botánicos las dividen en dos grandes categorías según la forma en que gestionan su potencial hídrico. Un grupo, el de las llamadas «plantas isohídricas», mantiene un contenido de agua relativamente constante en sus hojas. Para ello, cierran sus estomas en condiciones de sequía, evitando que transpiren. Aunque esta táctica les permite conservar el agua, presenta el inconveniente de reducir la cantidad de dióxido de carbono absorbido, lo que ralentiza la fotosíntesis y la producción de carbohidratos utilizados como fuente de energía. El otro grupo, el de las «plantas anisohídricas», no mantienen una cantidad constante de agua en sus hojas. En condiciones de sequía, dejan sus estomas abiertos durante más tiempo, manteniendo así una mayor actividad fotosintética. Mantener los estomas abiertos es arriesgado, porque la planta puede secarse demasiado. Sin embargo, si sobrevive, la planta puede tener una ventaja sobre las que optan por conservar el agua, ya que ha sido capaz de mantener su productividad fotosintética[34].

Como hemos visto, las plantas asumen riesgos constantemente cuando examinan las oportunidades y deciden cómo invertir su energía. Las plantas que inviertan mal no sobrevivirán, mientras que aquellas que toman buenas decisiones prosperarán.

Como todas las plantas, el aster de pradera que crece junto a la carretera, debe adaptarse a sus condiciones de vida inmediatas evaluando los riesgos que entraña, pero toda su estrategia vital es un juego de azar. Esta planta ha desarrollado una historia vital distinta a la de las plantas que viven varios años. Las flores silvestres anuales dedican toda su energía a crecer —y crecer rápidamente— durante la «ventana» de oportunidad que les brinda la luz solar. Como su existencia es corta, tienen más posibilidades de eludir a los depredadores que una planta más longeva. Si consiguen sobrevivir y reproducirse, dejarán semillas almacenadas a salvo en el suelo, listas para germinar en la siguiente estación de crecimiento o tras una perturbación. Mientras tanto, rivales más grandes y perennes empezarán a emerger y afianzarán su dominio sobre el ecosistema. A la larga, la osadía de las plantas anuales merece la pena.

Los comportamientos de asunción o evitación de riesgos que adoptan las plantas revelan una sabiduría que los humanos haríamos bien en emular. Se basan en una atenta percepción del entorno para obtener información que les permita identificar posibles riesgos y orientar la toma de decisiones. Determinan el nivel de recursos, los colaboradores que pueden ayudar a remediar posibles carencias y cómo iniciar y mantener relaciones de colaboración para mejorar la obtención de recursos. Deciden cómo utilizarán su energía en función de los riesgos que puedan asumir. Para sobrevivir y prosperar, deben explorar y evaluar constantemente todos los aspectos de su entorno, incluida la disponibilidad de luz, agua y nutrientes, así como la proximidad de plantas, bacterias, hongos y otros organismos.

Los seres humanos podríamos aprender de ellas a percibir mejor nuestro entorno, a evaluar los riesgos y a ofrecernos ayuda mutua. Deberíamos respaldarnos unos a otros en nuestros objetivos a corto y largo plazo, en nuestras oportunidades, en nuestras decisiones sobre cómo utilizar o redistribuir nuestros recursos y a la hora de decidir cuándo acometer cambios personales o profesionales en sintonía con los parámetros del entorno, tanto si el objetivo es el crecimiento individual como el colectivo. Llevar a cabo estas tareas requiere que seamos excelentes observadores de nuestro entorno. Puesto que disponemos de una cantidad finita de energía para todas nuestras actividades durante un periodo determinado, nos interesa actuar con criterio para decidir cómo utilizamos nuestra energía y qué riesgos merece la pena asumir. Al igual que las plantas, los humanos debemos desarrollar una estrategia energética para maximizar el crecimiento y el éxito en nuestro entorno dinámico.

El deseo hace a las plantas muy valientes, para
que encuentren lo que desean; y muy sensibles,
para que sientan lo que encuentran.

—AMY LEACH, *Things That Are*

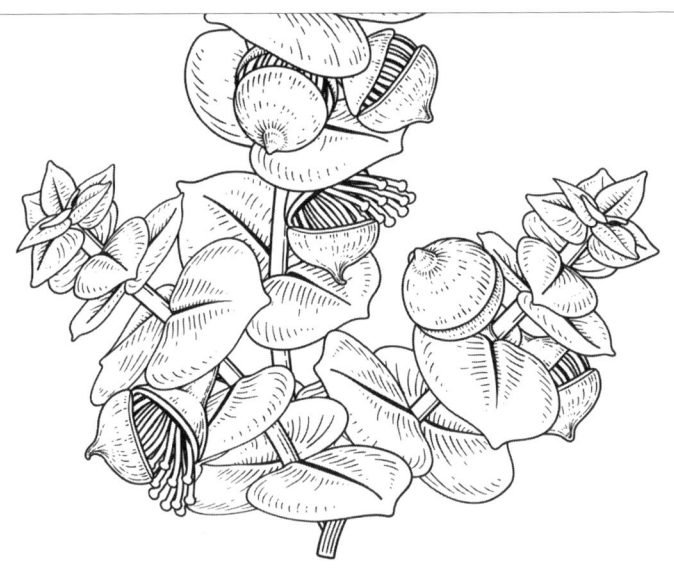

4

Transformación

Todos los días, de camino al trabajo, paso por delante de una fábrica abandonada. A lo largo de los años he podido observar cómo cambiaba. Al principio el terreno era estéril, luego se cubrió de hierba y ahora alberga una comunidad de plantas con flores, pequeños arbustos y árboles jóvenes. Ha sido fascinante observar la feliz evolución de este erial hacia una próspera y variada comunidad de plantas. He sido testigo de cómo las plantas lo transformaban poco a poco en un rico ecosistema.

Los cambios que se han producido en este solar urbano son similares a los que se producen en la naturaleza tras una catástrofe, tal como una erupción volcánica o una inundación. Tras una erupción, la lava desciende por la ladera de la montaña, abrasando y destruyendo todo a su paso, y cubre el suelo, solidificándose al enfriarse. El resultado es un nuevo hábitat: una tierra prácticamente esterilizada, desprovista casi por completo de organismos vivos. Esto es lo que ocurrió en el monte St. Helens en 1980, cuando una erupción volcánica fue seguida de un corrimiento de tierras provocado por el desplome parcial de la montaña. El suceso dejó a su paso una destrucción total del entorno. Con el tiempo, las plantas volvieron a crecer. Algunas semillas del suelo consiguieron germinar, otras fueron traídas por los pájaros o el viento. Y algunas plantas volvieron a crecer a partir de raíces o ramas que habían sobrevivido a la erupción[1]. Tras una perturbación de este tipo, la velocidad a la que se restablecen las plantas colonizadoras viene determinada por la cantidad de humedad disponible y por su capacidad para echar raíces y sobrevivir con los limitados nutrientes presentes en la ceniza volcánica o la lava solidificada[2].

Como hemos visto, las plantas son capaces de prosperar en cualquier lugar gracias a su impresionante capacidad para percibir lo que ocurre a su alrededor, adaptarse e incluso cambiar o modificar su entorno en aras de su crecimiento y continuidad. En este capítulo veremos cómo modifican su hábitat para acceder más fácilmente a los recursos que necesitan.

Las erupciones volcánicas son solo un ejemplo de cómo se transforman los ecosistemas vegetales. Otro ejemplo es el fuego. Cuando un incendio arrasa la tierra, alterando el ecosistema, puede dejar el suelo prácticamente desnudo y expuesto a la erosión, o puede que aún quede algo de materia orgánica o vegetación[3]. Las plantas acaban volviendo, a veces con bastante rapidez. Varios factores determinarán qué especies sobreviven o emergen, entre ellos la gravedad del incendio, la composición de las especies presentes anteriormente y la composición del banco de semillas. La germinación de algunas semillas, como las de muchos pinos, eucaliptos, secuoyas, álamos temblones y abedules, se activa con el fuego o el humo[4]. Otras plantas, como muchas gramíneas, algunos robles y eucaliptos, pueden volver a brotar a partir de las raíces que sobrevivieron al fuego[5].

Las plantas han sido capaces incluso de restablecerse en entornos sumamente tóxicos, como Chernóbil (Ucrania), tras la catástrofe nuclear de 1986[6]. Muchas coníferas, como el pino silvestre, murieron tas la explosión debido a su vulnerabilidad a la radiación. La zona se regeneró bastante rápido con la reaparición de árboles caducifolios, más resistentes a la radiación[7]. Aun así, no todos los árboles de Chernóbil murieron, y los supervivientes proporcionaron un valioso material de estudio. Para medir el impacto de la catástrofe nuclear en el crecimiento de los árboles antes y después del suceso y en su posterior recuperación, los científicos recogieron muestras de troncos. Examinaron la anchura de los anillos, que es un buen indicador del crecimiento radial y la calidad de la madera[8].

Los anillos de los árboles están formados por una fina capa de células denominada «cámbium vascular», a partir de la cual se forma el xilema, el tejido responsable del transporte de agua. El xilema es lo que llamamos madera[9]. Cada anillo del árbol representa un año de crecimiento del xilema, y su anchura representa su crecimiento anual relativo. La comparación de la anchura de los anillos desde el exterior hacia el centro da una idea de las variaciones estacionales de crecimiento. El examen de los anillos también permite estudiar ciertas propiedades de la madera, como su porosidad[10]. Los investigadores que analizaron los troncos de los árboles de Chernóbil descubrieron que los árboles expuestos a mayores niveles de radiación eran los que crecían más despacio. El crecimiento más lento se observó justo después de la catástrofe, en el momento de mayor exposición a la radiación. Los árboles expuestos a la radiación también experimentaron efectos a largo plazo en el crecimiento y la composición de la madera, que fueron evidentes hasta diez años después del siniestro[11].

La radiación no solo causó daños directos a los árboles, sino que también afectó a otras partes del ecosistema esenciales para su aparición, crecimiento y supervivencia. Por ejemplo, provocó la pérdida de muchos invertebrados y bacterias del suelo que descomponen la hojarasca y otros restos orgánicos que se acumulan en el lecho forestal. Esta afectación de los procesos naturales que reponen el suelo y lo mantienen sano provocó cambios significativos en su ecosistema e inhibió el crecimiento de muchas especies vegetales[12].

Por su resistencia y su capacidad para recuperarse de las catástrofes más rápidamente que los animales, las plantas desempeñan un papel esencial en la revitalización de los entornos dañados. ¿Por qué tienen esta capacidad? En gran medida porque, a diferencia de los animales, pueden generar nuevos órganos y tejidos a lo largo de su ciclo vital. Esto es debido a la actividad de sus meristemos, regiones de tejido indiferenciado en raíces y brotes que, en respuesta a señales específicas, pueden diferenciarse en nuevos tejidos y órganos. Si estos meristemos no resultan dañados en la catástrofe, las plantas tienen la oportunidad de recuperarse y, en última instancia, transformar el hábitat devastado o desertificado. Este fenómeno puede observarse a menor escala cuando un árbol alcanzado por un rayo forma nuevas ramas en el lugar de su cicatriz. Así pues, las zonas afectadas por catástrofes pueden recuperarse de varias maneras: por regeneración, por formación de nuevos brotes o por germinación de semillas en el suelo.

Al estudiar la vegetación de los alrededores de Chernóbil, los científicos descubrieron una reacción protectora adicional que reducía los efectos nocivos de la radiación. La radiación provoca mutaciones genéticas perjudiciales en todos los organismos, pero las plantas que estuvieron expuestas a ella durante años desarrollaron respuestas adaptativas que les ayudaron a estabilizar su genoma[13]. Esta es otra demostración fehaciente de la resiliencia de las plantas y de su capacidad para sobrevivir y transformar potencialmente su entorno. Esta capacidad de resiliencia frente a los desafíos ambientales, y de transformar el entorno mediante la persistencia, el crecimiento y la prosperidad continuos, son características importantes de las plantas de las que los humanos haríamos bien en aprender.

Cuando las plantas, los animales y los microorganismos regresan a un lugar tras una erupción volcánica, un incendio u otra catástrofe, la composición y la estructura del ecosistema cambian de forma a menudo predecible. Por ejemplo, la hierba dará paso a los arbustos y luego a los árboles. Los ecologistas utilizan el término «sucesión» para referirse a estos cambios a largo plazo, y distinguen dos tipos diferentes: la sucesión primaria y la secundaria. La sucesión primaria se produce en terrenos nuevos o formaciones rocosas donde no hay presencia de tierra, como en coladas de lava solidificada o en islas recién emergidas del mar. La sucesión secundaria se refiere al establecimiento de una comunidad o ecosistema tras una perturbación menos grave, tal como un incendio o una inundación que no ha destruido por completo la vegetación y el suelo[14].

Como cabe esperar, existen numerosos factores que influyen en qué especies aparecen primero tras una perturbación y en cómo cambia la distribución de las mismas con el tiempo. Algunos de estos factores son la disponibilidad de nutrientes y de luz, tanto la cantidad de luz como sus propiedades espectrales. Al eliminar o añadir diversas especies vegetales, los biólogos han descubierto que los patrones sucesionales están muy influidos por las especies concretas presentes en una zona y sus interacciones[15]. Otros factores que influyen en la sucesión son el cambio climático y la presencia de especies invasoras, es decir, especies no autóctonas del ecosistema en cuestión que causan algún tipo de daño ecológico o económico[16].

Conforme avanza la sucesión, la estructura de la comunidad cambia, al igual que lo hacen otros elementos del ecosistema, como las características del suelo[17]. La capacidad de las distintas especies de plantas para adaptarse al entorno local mediante procesos de colonización, asentamiento, crecimiento y supervivencia afecta de forma significativa al patrón general de sucesión[18].

Una serie de atributos clave determinan qué especies vegetales prosperarán tras perturbaciones recurrentes como los incendios. Entre estos atributos se incluyen el método de resistencia a la perturbación, los mecanismos de asentamiento y el tiempo necesario para alcanzar las principales etapas del ciclo vital (reproducción y senescencia). La supervivencia de una especie está relacionada con el hecho de que esta posea atributos que le permitan reaparecer tras una perturbación; puede que sea mediante semillas que permanecen viables en el suelo o mediante la capacidad de producir brotes sobre las raíces supervivientes. Los mecanismos de asentamiento tienen que ver con la forma en que las plantas son capaces de crecer y desarrollarse tras una perturbación. Algunas pueden asentarse rápidamente, mientras que otras pueden llegar más tarde, dependiendo de factores como la capacidad de competir por los recursos. El tiempo necesario para alcanzar las etapas vitales clave también es un factor importante; el tiempo preciso para alcanzar la madurez y la reproducción, por ejemplo, afecta a la velocidad con la que una especie establece su dominio[19].

Los patrones de sucesión son muy variados, pero los científicos distinguen tres vías distintas: facilitación, tolerancia e inhibición. Estas vías describen cómo las especies que se han establecido al principio de la sucesión facilitan, toleran o inhiben el posterior asentamiento de otras especies. La facilitación se produce principalmente en la sucesión primaria, mientras que la tolerancia suele caracterizar la sucesión secundaria, en la que los suelos y los nutrientes están más fácilmente disponibles. La inhibición se produce cuando las especies establecidas impiden la invasión de especies rivales. Esta acción inhibidora continúa hasta la senescencia o degradación de las especie establecidas, lo que en ambos casos hace que los recursos queden disponibles para que otras especies colonicen un nicho[20].

Aunque la competencia desempeña sin duda un papel importante en la sucesión, también hay que tener en cuenta las interacciones con otros organismos, entre las que se incluye el pastoreo de animales u otras formas de actividad herbívora, así como la presencia de patógenos[21]. Los herbívoros pueden frenar el crecimiento y la producción de semillas de una planta, limitando su potencial de propagación y supervivencia[22]. A veces también influyen en la dinámica del nitrógeno y en las propiedades químicas del suelo, con las consiguientes consecuencias para el ciclo vital y la supervivencia de las plantas y las comunidades vegetales. La predilección de los herbívoros por el consumo de biomasa vegetal rica en nitrógeno puede disminuir el recambio de nutrientes, como el nitrógeno, en un ecosistema[23]. Los herbívoros pueden, por tanto, inducir una regresión en las tasas de recuperación o en la dinámica evolutiva de las especies durante la sucesión.

En la sucesión primaria, las primeras plantas que surgen en un entorno estéril se denominan pioneras. Estas especies son capaces de crecer en condiciones especialmente difíciles. Estas plantas son las que vemos brotar de una grieta en la acera o calzada. También emergen de la lava endurecida. Estas plantas saben buscar la humedad en las grietas más diminutas, lo que les permite crecer al borde de un acantilado o en el asfalto resquebrajado, donde el acceso a la humedad es muy limitado. En su estrategia vital, la oportunidad de obtener acceso a la humedad o a la luz solar necesarias, limitada quizá a una sola vez en la vida, acabará compensando los riesgos de crecer en esos espacios.

En general, las plantas pioneras tienen necesidades mínimas de recursos y son buenas aprovechadoras. Pueden crecer en diferentes tipos de suelo y con muy poca disponibilidad de nutrientes. De hecho, muchas de ellas son capaces de aumentar la disponibilidad de nutrientes, ya sea segregando compuestos que aumentan la solubilidad de ciertos nutrientes, como el hierro, o entablando relaciones con otros organismos, como las bacterias fijadoras de nitrógeno o los hongos micorrícicos[24]. Las pioneras mejoran las condiciones de vida para las plantas que llegan más tarde; modifican el pH del suelo, haciéndolo más favorable para otras plantas, y su presencia aumenta la estabilidad del suelo y reduce el impacto de los vientos dañinos[25].

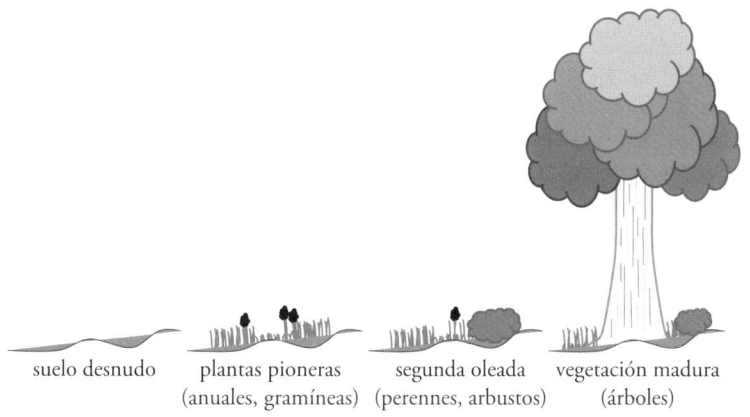

| suelo desnudo | plantas pioneras (anuales, gramíneas) | segunda oleada (perennes, arbustos) | vegetación madura (árboles) |

La sucesión primaria se inicia en un entorno estéril que ha sufrido una gran perturbación, tal como un incendio, una inundación o una erupción volcánica. Primero aparecen las plantas pioneras, que necesitan pocos recursos y pueden arraigar en suelos pobres. Las plantas pioneras mejoran las propiedades del suelo, lo que permite el establecimiento de una segunda oleada de especies con mayores necesidades de recursos. Por último, las continuas mejoras y cambios del ecosistema, permiten la aparición de los árboles y otras plantas que necesitan suelos ricos y son capaces crecer a la sombra.

A medida que crecen, las plantas pioneras transforman el entorno de forma que garantizan la disponibilidad de recursos adicionales, facilitando el acceso al suelo que puede encontrarse bajo de las aceras, el pavimento o la lava, o ablandando suelos muy compactos. Cada individuo crea un nuevo microclima, un clima local que puede variar con respecto al del ecosistema general. El microclima resultante favorece el crecimiento de la propia planta y contribuye al éxito de especies que aparecen más tarde, con mayores exigencias que las resistentes plantas de primera aparición[26]. Algunas plantas pioneras son capaces de romper rocas o lava mediante la fuerza mecánica ejercida por el crecimiento y la expansión de sus raíces o de descomponerlas liberando ácidos u otras sustancias químicas erosivas[27].

Estas primeras plantas emergentes suelen estar adaptadas para crecer en terrenos áridos en zonas expuestas a pleno sol[28]. Tras su muerte, su descomposición contribuye a la formación y enriquecimiento del suelo[29]. Este y otros factores aumentan gradualmente la presencia de minerales y nutrientes, pero esta transformación se produce lentamente durante la sucesión primaria. La disponibilidad limitada de recursos puede seguir frenando el crecimiento y desarrollo de la comunidad vegetal[30]. El ritmo de la sucesión también se ve afectado por las propiedades de las especies que siguen a las pioneras.

Las plantas que aparecen en la segunda oleada de la sucesión primaria tienen unas necesidades nutricionales ligeramente superiores. Esto no suele impedir que sigan creciendo en suelos no considerados especialmente ricos en nutrientes. Al igual que las pioneras, estas plantas suelen ser expertas en aprovechar los escasos nutrientes disponibles, o colaboran con organismos que contribuyen a la transformación de los recursos a estados más asequibles. A medida que las actividades de estas segundas emergentes transforman el entorno en un lugar con más recursos y fragmentos de suelo accesibles, pueden empezar a florecer otras oleadas de plantas, aquellas que requieren más nutrientes y suelos más fértiles o las que son capaces de crecer en condiciones de sombra o luz reducida. El asentamiento secuencial y el éxito de las distintas especies de plantas conduce finalmente a un ecosistema más diverso, si bien esta diversidad puede alcanzar su punto álgido al principio de la sucesión, ya que las especies dominantes se estabilizan y pueden inhibir la incorporación de otras especies en fases posteriores del proceso[31]. Entre las propiedades de las plantas que influyen en el orden de la sucesión en entornos alterados se incluyen las relacionadas con el establecimiento de las plántulas; la capacidad de una plántula para germinar y echar raíces variará en función de la historia evolutiva y de las condiciones ecológicas locales[32].

Las inundaciones no tienen las mismas consecuencias que una erupción volcánica. Aunque pueden causar daños considerables, no destruyen completamente el ecosistema. Una inundación generalizada, como la que se produce durante un huracán, a menudo acaba con muchas plantas pequeñas y deja depósitos de tierra o limo que sepulta a otras. Las plantas y los árboles más grandes suelen sobrevivir, pero pueden sufrir graves daños físicos. Cuando un ecosistema se ve alterado por una inundación o por el viento, el fuego u otra perturbación que cause graves daños, se produce una sucesión secundaria. La zona afectada, que no ha sido completamente despojada de sus plantas y otros organismos vivos, es posteriormente recolonizada o repoblada.

Las especies pioneras de la sucesión secundaria suelen poseer cualidades algo diferentes de las que se desarrollan durante la sucesión primaria, ya que los nutrientes son más abundantes y el acceso al suelo más fácil. En consecuencia, la competencia por los recursos suele ser menos pronunciada en la sucesión secundaria que durante la primaria[33]. Uno de los principios de la ecología es que no hay dos especies que puedan ocupar el mismo nicho (es decir, desempeñar el mismo papel ecológico) en el mismo lugar; una de las dos será dominante. El proceso de sustitución de una especie por otra durante la sucesión se produce a un ritmo variado e influye en la diversidad final de especies que se establecerá en una comunidad.

La diversidad de especies se mide de diferentes maneras. Los ecologistas suelen referirse al número de especies presentes en un hábitat determinado como «diversidad alfa» y a las variaciones en la composición de especies entre distintos hábitats de una misma región como «diversidad beta»[34]. La diversidad en un hábitat concreto es el resultado de numerosos factores, como la facilidad con la que las distintas especies pueden desplazarse entre diferentes lugares[35]. En general, la diversidad alfa aumenta con el transcurso de la sucesión, aunque en algunos ecosistemas, con el tiempo se desarrolla una estabilidad ambiental y la diversidad puede entonces disminuir[36].

Hasta ahora hemos hablado de procesos en entornos naturales. En los paisajes urbanos y otros lugares transformados por la actividad humana, la diversidad sigue diversas pautas. La interferencia humana es un factor importante que altera la diversidad local y la demografía de las plantas. Por ejemplo, los terrenos baldíos con escasa intervención humana cuentan con un gran número de especies diferentes, pero, en general, se encuentran las mismas plantas en cada uno de ellos (es decir, alta diversidad alfa, pero baja diversidad beta); por el contrario, los jardines residenciales tienen menos especies, pero estas son muy diversas de un jardín a otro (lo que indica una baja diversidad alfa, pero una elevada diversidad beta[37]).

Las raíces desempeñan un papel importante en la sucesión por su influencia en el asentamiento de las plantas y sus propiedades transformadoras. Bajo tierra, justo debajo de nuestros pies, las raíces ejercen su control sobre las propiedades del suelo y, por tanto, sobre ecosistemas enteros. La salud de una planta viene determinada en gran medida por la actividad y el funcionamiento de sus raíces. Podemos medir la salud de una planta por su capacidad para formar flores y frutos, pero son las raíces las que proporcionan los nutrientes necesarios para la reproducción. Las plantas adquieren los nutrientes del suelo, y, como vimos en el Capítulo 3, cuando estos escasean, acceden a ellos alterando la morfología de las raíces —forma, longitud, ramificación— o segregando compuestos que aumentan su solubilidad. Estas acciones pueden transformar la calidad del suelo y promover interacciones de colaboración con bacterias y hongos.

Entre las partes más dinámicas de los ecosistemas terrestres se encuentran las relacionadas con las raíces, incluida la capa de suelo que se adhiere a los pelos radiculares, la rizocoraza, y el suelo que rodea las raíces, la rizosfera[38]. Las actividades asociadas a estos elementos del suelo determinan muchos aspectos del establecimiento, la supervivencia y la capacidad de transformación de las plantas. Tanto la composición física de las raíces como los compuestos que estas producen influyen en la producción de la rizocoraza y en las propiedades y el funcionamiento de la rizosfera. El hecho de que los suelos sean compactos o blandos, pobres o ricos en nutrientes, afecta directamente al establecimiento de las semillas y a la longevidad de las plantas[39]. Estas respuestas de las raíces transforman directamente las características del suelo, lo que, a su vez, puede afectar a la fisiología y las propiedades ecológicas de todos los organismos que lo habitan. Este comportamiento es, de hecho, transformador por naturaleza.

Las propiedades plásticas de las raíces —su capacidad para cambiar en respuesta a las condiciones ambientales— pueden ser bioquímicas, como en la producción de exudados, o físicas, que implican alteraciones estructurales. Las raíces de las plantas liberan solutos y carbono y pueden mostrar diferencias estructurales en respuesta a las señales ambientales, transformando el ecosistema del suelo. Por ejemplo, la estructura de las raíces puede influir en la dinámica del agua contenida en el suelo[40]. Los cambios en la arquitectura de las raíces y la biomasa alteran la porosidad del suelo, afectando probablemente a su compactación, lo que a su vez puede afectar a la forma en que el agua se absorbe y fluye a través del suelo y, por tanto, a las respuestas de las plantas, tales como la captación de agua. Algunas de estas respuestas, incluida la exudación a través de las raíces, pueden controlarse temporalmente, lo que permite a la planta adaptarse de forma rápida y reversible[41]. Otras reacciones, como los cambios en la arquitectura de las raíces, son respuestas a largo plazo y provocan cambios duraderos en el suelo y en todo el ecosistema.

Gran parte del dinamismo del ecosistema relacionado con la función de las raíces resulta de la producción y liberación de exudados por parte de las raíces de las plantas y los microbios asociados[42]. Las sustancias secretadas por las raíces pueden modificar la solubilidad de los minerales y nutrientes presentes en el suelo —las propiedades químicas del suelo— e incluso ejercer un efecto desintoxicante cuando se encuentran con materiales nocivos como el aluminio[43]. Una sustancia excretada por las raíces que tiene un fuerte impacto en la rizosfera es el mucílago, una solución gelatinosa que contiene azúcares, glicolípidos y fosfolípidos[44]. El mucílago contribuye probablemente a la tolerancia a la sequía de algunas plantas. Puede aumentar o alterar de manera considerable la capacidad de las raíces para transportar agua al xilema, la retención de agua por parte de la rizosfera y la captación de agua en los suelos circundantes pobres en mucílago[45].

Las plantas también sintetizan y secretan compuestos a base de lípidos que pueden actuar como tensioactivos (agentes humectantes o dispersantes). Estos compuestos aumentan la disponibilidad de recursos para que las raíces los absorban y las plantas los utilicen. Se ha descubierto que los tensioactivos aumentan la solubilidad de los compuestos de fósforo y nitrógeno[46]. Los cambios en las propiedades del suelo, incluida la mayor disponibilidad de recursos, también influyen en la fisiología y los procesos microbianos, que a su vez transforman las propiedades bioquímicas y biofísicas del suelo para favorecer el crecimiento de las plantas.

La producción y el funcionamiento de los mucílagos y tensioactivos son claros ejemplos de cómo las sustancias secretadas por las plantas pueden transformar los hábitats del suelo. No obstante, las plantas no son los únicos organismos que afectan a la composición de las comunidades vegetales, especialmente las subterráneas. Los hongos producen compuestos similares llamados esteroles (relacionados con el colesterol) que repelen el agua e impiden que las hifas fúngicas se sequen, aumentando así la retención de agua de la rizosfera[47]. Estos organismos también liberan glicoproteínas hidrófobas que recubren los agregados del suelo, alterando así su capacidad para absorber agua[48]. Los esteroles, las glicoproteínas y otras sustancias producidas por los hongos afectan a las propiedades bioquímicas y biofísicas de los suelos del mismo modo que los mucílagos secretados por las raíces.

La composición y la microbiota del suelo también influyen de manera decisiva en la sucesión ecológica y la transformación del entorno[49]. Estos componentes de los ecosistemas, que en su mayor parte pasan desapercibidos, y las innumerables interacciones que se producen entre ellos, cambian con el tiempo, con sus correspondientes efectos a largo plazo sobre la composición de las comunidades vegetales y el desarrollo de los ecosistemas[50]. La composición de los hongos del suelo también cambia a medida que avanza la sucesión, al igual que la naturaleza y el funcionamiento de las micorrizas, lo que a su vez influye en la composición de las comunidades vegetales[51].

Las complejas interacciones de las micorrizas con las plantas y los suelos, aunque no sean visibles, tienen una influencia decisiva en la sucesión y los cambios del ecosistema[52]. Recordemos que las micorrizas son relaciones simbióticas entre los hongos y las raíces que permiten a estas aumentar la captación de agua y nutrientes. La naturaleza y la presencia de hongos micorrícicos y el grado de fertilidad del suelo condicionan las plantas que crecen en una zona, ya que, para determinadas especies, los efectos de las micorrizas en el crecimiento vegetal dependen de la calidad del suelo. Algunas plantas crecen mejor en asociación con hongos solo cuando están en suelos pobres; en suelos ricos, las asociaciones micorrícicas no les reportan grandes beneficios[53].

Las especies de hongos micorrícicos también influyen en la competitividad de las plantas, quizá potenciando la absorción y el uso de nutrientes y minerales. Los científicos han demostrado que las condiciones ambientales que limitan la capacidad fotosintética de las plantas, como la sombra o los suelos pobres, también pueden limitar su capacidad para formar micorrizas[54]. Estas plantas se encuentran en desventaja competitiva frente a las que tienen micorrizas más desarrolladas, lo que puede afectar a la composición y dinámica de las poblaciones a lo largo del tiempo. A su vez, la composición de las especies vegetales puede modificar las poblaciones de hongos micorrícicos del suelo[55]. A medida que se producen cambios en la población fúngica del suelo, también puede variar la diversidad de plantas que este puede albergar. Estos cambios podrían, por tanto, dar lugar a suelos con potencial para alojar únicamente plantas específicas con requisitos micorrícicos acordes con los hongos presentes[56]. En otras palabras, el impacto de las plantas en la estructura y dinámica de las poblaciones de hongos micorrícicos puede influir en la sucesión vegetal y, por tanto, en la composición de las comunidades vegetales presentes y futuras.

Otro ejemplo de comportamiento colaborativo que puede transformar el entorno, es un fenómeno que recibe el nombre de *swarming* o enjambrado. El enjambrado es una forma de comportamiento social basado en el compromiso mutuo entre individuos distintos, y puede actuar como estrategia emergente, permitiendo el desarrollo de patrones complejos a través de pequeñas interacciones[57]. Se produce cuando varios individuos se mueven juntos en la misma dirección general, ya sea de forma activa o pasiva (los enjambres activos se autogeneran en lugar de ser producidos por fuerzas externas[58]). Todos conocemos algunos ejemplos cotidianos de comportamiento en enjambre, como las bandadas de pájaros, los bancos de peces o, naturalmente, los enjambres de insectos. El *swarming* también es común en las bacterias, que se desplazan en grupo hacia zonas ricas en nutrientes donde hay poca competencia por los recursos[59]. Adrienne Maree Brown describe este comportamiento con elocuencia: «moverse en grupo es todo un arte: permanecer lo suficientemente separados como para no amontonarse, lo suficientemente alineados como para mantener una dirección común y lo suficientemente cohesionados como para avanzar siempre unos hacia otros. (Respondiendo juntos al destino[60])». Sin duda, los seres humanos podemos aprender de esto la importancia de perseguir objetivos personales en comunidad con quienes se mueven en la misma dirección y tienen metas similares.

Nadie esperaba que las plantas fueran capaces de formar enjambres, ya que no pueden moverse. Pero hay partes de las plantas que sí se mueven y, en 2012, un grupo de científicos anunció que había descubierto que las raíces de las plantas en crecimiento participan activamente en la formación de enjambres. Comprobaron que las raíces de plántulas de maíz vecinas tendían a crecer todas en la misma dirección cuando se encontraban en un entorno homogéneo[61]. La finalidad de este comportamiento puede ser «optimizar las interacciones con el entorno»[62]. Uno de los potenciales beneficios de esta formación de enjambres sería que un grupo de raíces colaboradoras podría liberar compuestos como sideróforos para mejorar la solubilidad de los nutrientes a nivel local[63]. Comportamientos de enjambrado como este conducirían a una regulación espacial de la química del suelo y favorecerían el crecimiento y la resistencia de las plantas. Al igual que la bandada de pájaros, el enjambre de raíces es una estrategia emergente de destino compartido, que contribuye a transformar el entorno cuando las raíces trabajan juntas para solubilizar los nutrientes o establecer relaciones simbióticas con otros organismos, como bacterias u hongos[64].

«Florece donde estás plantado.» Esta frase se utiliza a menudo para animar a las personas a sobrevivir y prosperar allí donde se encuentren. La idea es que debemos tomar ejemplo de las plantas, que, por lo general, suponemos que aprovechan al máximo el lugar donde las coloca el jardinero. Sin embargo, esta analogía es engañosa. Como hemos visto en este capítulo, las plantas no solo actúan dentro de su entorno, sino que participan activamente en él y lo transforman. Optimizan su crecimiento a través de la plasticidad fenotípica y manifiestan una especie de consciencia que va más allá de los límites de su propio yo y refleja el conocimiento del entorno externo, lo que a veces se denomina «cognición extendida»[65]. Esta consciencia puede dar lugar a comportamientos y adaptaciones que modifican el entorno, mejorando las circunstancias para el propio individuo y para los demás habitantes. En el proceso de sucesión, las primeras especies emergentes influyen en el ecosistema de forma que determinan qué especies podrán crecer y prosperar en la siguiente fase.

Promover el cambio en los entornos humanos requiere habilidades similares a las que despliegan las plantas durante la sucesión ecológica. En las instituciones o ecosistemas humanos los iniciadores del cambio cultural actúan como pioneros. Es fundamental identificar y animar a los individuos con las características necesarias para promover el cambio de forma sucesiva y sinérgica hacia el desarrollo y mantenimiento de un nuevo ecosistema. Los líderes eficaces, como las plantas pioneras, son capaces de prosperar mientras dirigen el cambio en condiciones de recursos limitados o variables. También son conscientes de que, incluso en un entorno aparentemente estable, es probable que sus esfuerzos abran nuevos rumbos e innoven.

En los modelos de sucesión humana, las organizaciones suelen centrarse en la dinámica de grupo sin reconocer y aprovechar el impacto que los individuos —especialmente los agentes de cambio eficaces— pueden tener en los cambios culturales deseados. Para iniciar el cambio se necesitan líderes y precursores capaces de superar obstáculos, del mismo modo que las plantas pioneras en la sucesión primaria a veces tienen que atravesar barreras para emerger o echar raíces en emplazamientos difíciles. Estos individuos pioneros suelen trabajar con pocos recursos o redes de apoyo a las ideas, el crecimiento y la innovación. Sus esfuerzos propician nuevos cambios en el ecosistema que sirven de apoyo a la siguiente oleada de individuos que llevarán a cabo cambios culturales y transformaciones institucionales.

Los propósitos transformadores de los pioneros suelen requerir un periodo inicial de ruptura. Del mismo modo que los incendios controlados son necesarios para la gestión de determinados ecosistemas, las perturbaciones intencionadas pueden ser necesarias en los ecosistemas humanos para romper patrones arraigados o formas de pensar o actuar basadas en costumbres, y avanzar con determinación hacia el logro de los resultados deseados[66]. Aunque las rupturas intencionadas suelen ser necesarias, no debemos pasar por alto que las malas intenciones también pueden tener consecuencias beneficiosas. Por ejemplo, la elección en 2016 de un presidente que muchos estadounidenses consideraban contrario a la mujer y a la ciencia dio lugar a un movimiento nacional de protesta, como la Marcha de las Mujeres y la Marcha por la Ciencia de 2017.

Las perturbaciones en un entorno pueden cambiar la composición de los individuos que son capaces de existir, prosperar y sobrevivir en él. Sin embargo, tendemos a ignorar la necesidad de generar deliberadamente situaciones de perturbación o ruptura, cuando, al igual que en los ecosistemas adaptados al fuego, para promover el cambio puede ser necesario inducir cambios profundos en la composición de los individuos. A menudo pretendemos introducir cambios significativos en las estructuras de los ecosistemas en aras de la equidad, pero no reconocemos que es necesaria una verdadera «perturbación» para salir del *statu quo*. Puede que una organización necesite reevaluar sus estrategias de contratación y sus procesos de selección para identificar y contratar a una gama más amplia de individuos. Debemos entender que la intervención y la ruptura intencionadas son fundamentales para favorecer entornos preparados para la sucesión necesaria que favorezca el cambio cultural.

Al igual que las plantas, disponemos de muchos medios para lograr cambios sistémicos. Las estrategias para iniciar la transformación comienzan con la reflexión y la toma de conciencia de nuestra situación actual: identificar las características del entorno local y los recursos disponibles, y evaluar nuestras necesidades. A escala comunitaria, un subconjunto de individuos, los pioneros, pueden actuar como «sensores» para la colectividad. Estos individuos están en condiciones de evaluar el entorno o los cambios ambientales rápidos que requieren de respuesta o innovación. Las intervenciones intencionadas en los ecosistemas humanos para fomentar la puesta en marcha de una plataforma de evolución ecosistémica a largo plazo pueden producir los resultados deseados. Es preciso que reconozcamos la contribución de los pioneros —aquellos individuos que poseen los atributos necesarios para impulsar cambios importantes en el momento y lugar adecuados— y defendamos la necesidad de que los líderes actúen de este modo.

El equilibrio de la naturaleza estaba basado
en la diversidad, que también podía servir
de modelo para la verdad política y moral.

—ANDREA WULF, *The Invention of Nature*
(citando a Alexander von Humboldt)

5

Una comunidad diversa

En verano, suelo visitar un campo cubierto de flores silvestres. Algunas son tan pequeñas que apenas se ven, mientras que otras alcanzan un palmo de altura y otras el doble, desplegando un arco iris de florecillas. Me fascina la variedad de formas y colores de esta comunidad. Mientras contemplo el espectáculo, me pregunto cómo consiguen coexistir todas estas especies diferentes. Aunque me asombra la diversidad de este lugar, mucha gente pasa caminando, en bicicleta o en coche sin percatarse de este próspero ecosistema: carecen de conciencia vegetal. No entiendo cómo pueden pasar de largo sin detenerse, aunque solo sea un instante, a admirar la variedad de plantas presentes y preguntarse por las complejas interacciones que tienen lugar tanto en la superficie como bajo tierra. Los científicos que estudian la biodiversidad de las comunidades vegetales han descubierto que muchas especies diferentes pueden coexistir pacíficamente, en parte gracias a un fenómeno conocido como «complementariedad de nicho». Cada especie ocupa un nicho ligeramente distinto, es decir, una posición dentro de la comunidad definida por su historia vital, el uso que hace de los recursos y sus interacciones con otras especies. Dado que cada especie, e incluso cada variante genética dentro de una especie, tiene necesidades diferentes, el resultado es el máximo aprovechamiento de los recursos en una comunidad o ecosistema concretos[1]. La diversidad no solo beneficia a las plantas individuales, sino que las capacidades y comportamientos únicos inherentes a cada especie benefician a la colectividad. Los ecosistemas con mayor biodiversidad tienden a ser más productivos, es decir, producen más biomasa: más hojas, tallos, frutos y otras partes de las plantas.

Hoy en día, la agricultura comercial se caracteriza por vastos monocultivos de maíz, soja y trigo. Aunque esta práctica facilita la siembra y la cosecha, no es la única forma de cultivar. Los agricultores de las culturas indígenas de todo el mundo utilizan desde hace mucho tiempo una técnica llamada «cultivo intercalado», que consiste en plantar simultáneamente dos o más variedades en el mismo lugar. Al igual que en los ecosistemas naturales, resulta que la productividad es mayor cuando ciertos cultivos se plantan juntos en parcelas de policultivo, en lugar de en monocultivos[2]. Los cultivos intercalados aumentan la productividad de las plantas individuales mediante un proceso conocido como «facilitación interespecífica». Cada especie aporta algo que favorece el crecimiento, la reproducción o la supervivencia de las demás[3]. Como los individuos de cada especie utilizan estrategias diferentes para obtener recursos, pueden compartirlos en lugar de competir por ellos.

Uno de los mejores ejemplos de cultivos intercalados es una ancestral práctica conocida como «las Tres Hermanas». Este método de cultivo, que consiste en plantar maíz, judías y calabaza juntos, ha sido utilizado durante mucho tiempo por muchos pueblos nativos americanos[4]. Con profundo respeto por el legado de las Tres Hermanas y otros conocimientos ecológicos tradicionales, pero sin intención de apropiármelos, exploraré en este capítulo la sabiduría que puede extraerse de una atenta observación y reflexión sobre esta técnica.

¿Por qué está tan extendido el sistema de las Tres Hermanas? Al plantar juntos maíz, judías y calabaza, el agricultor aprovecha sus puntos fuertes complementarios. El maíz proporciona soporte vertical a las judías. La judía proporciona nitrógeno en una forma accesible que sirve de fertilizante para todos los cultivos. La calabaza, que crece a poca altura del suelo, inhibe el crecimiento de malas hierbas y mantiene la humedad del suelo en beneficio de los otros dos socios. Las plantas cultivadas en policultivo en un huerto basado en el sistema de las Tres Hermanas son más productivas que si cada una se cultivara en monocultivo[5]. Esta práctica agrícola indígena ilustra los positivos resultados de la reciprocidad promovida por la diversidad. Los individuos rinden mejor en entornos diversos que cuando intentan desenvolverse solos o únicamente con otros similares a ellos. A ellas —y a nosotros— nos va mejor juntos. «Las lecciones de la reciprocidad se manifiestan de forma inequívoca en el cultivo de las Tres Hermanas», escribe Robin Wall Kimmerer, botánica, ecologista y miembro de los Ciudadanos de la nación Potawatomi[6].

Como en todas las relaciones de éxito, la gestión del tiempo es fundamental para aprovechar el potencial sinérgico del sistema de las Tres Hermanas[7]. Los estudios sobre los cultivos intercalados de plátano y yuca corroboran las enseñanzas de las Tres Hermanas de que el orden de plantación de cada especie tiene un impacto determinante sobre la productividad final de los policultivos[8].

En las Tres Hermanas, el maíz se planta en primer lugar; las semillas absorben la humedad del suelo, lo que favorece la germinación. La plántula de maíz echa raíces, crece, desarrolla hojas y realiza una fotosíntesis intensa que asegura su transición a la independencia. En lugar de recurrir a las reservas alimentarias de la semilla, la plántula producirá ahora alimentos mediante la fotosíntesis. La siguiente hermana en aparecer es la judía. Aislada, la joven planta permanece cerca del suelo y es muy vulnerable a los daños y al estrés causados por factores vivos y no vivos, como la depredación o la escasez de luz. Sin embargo, al crecer junto a una planta de maíz, la judía recibe el apoyo de su hermana y se eleva, tanto en sentido literal como figurado. Poder elevarse por encima del suelo favorece su crecimiento. Al trepar alrededor del tallo de maíz, se beneficia de una mayor exposición a la luz solar para realizar la fotosíntesis. Como veremos más adelante, las raíces de la judía también desempeñan un papel importante en la adquisición de nitrógeno. La tercera hermana, la calabaza, es la última en aparecer. Desarrolla grandes hojas cerca de la superficie del suelo, buscando espacios abiertos en el dosel foliar por los que pueda entrar la luz. Más luz significa más fotosíntesis y mayor producción de azúcares vitales. Las hojas bajas y anchas cubren y protegen los sistemas radiculares de las dos primeras hermanas; también impiden que se arraiguen las malas hierbas, protegen el suelo de la desecación y, al ser espinosas, disuaden a los posibles herbívoros de atacar a las tres hermanas[9]. La secuencia del asentamiento y crecimiento de las hermanas constituye una precisa coreografía. El trío encarna, en palabras de Kimmerer, «el auténtico significado de una relación» y su danza tiene repercusiones que van mucho más allá de su existencia y prosperidad[10].

Observando un jardín de Tres Hermanas es fácil ver cómo las plantas distribuyen sus hojas en el espacio para evitar competir entre sí[11]. Pero pocos observadores son capaces de discernir a los actores secundarios de este ecosistema que actúan bajo tierra. Las raíces suelen establecer relaciones con otros organismos del microbioma del suelo, que afectan a la salud general de las plantas, desde el asentamiento hasta el crecimiento y la floración[12]. El sistema de las Tres Hermanas no es una excepción.

Bajo tierra, las Tres Hermanas se apoyan y complementan entre sí tan bien como lo hacen en la superficie. Las raíces del maíz son más bien superficiales; ocupan la parte superior del suelo, mientras que las profundas raíces pivotantes de las judías se entierran bajo ellas. La calabaza, por su parte, dispone sus raíces en lugares aún no ocupados por las raíces de sus dos hermanas. Allí donde el tallo de la calabaza se encuentra con el suelo, la planta puede echar raíces adicionales, conocidas como «raíces adventicias». Estas raíces, que pueden situarse en espacios abiertos dentro del nicho, contribuyen al crecimiento y la supervivencia de la planta de calabaza[13]. Las raíces adventicias, al igual que los pelos radiculares de las otras dos hermanas, pueden extenderse por las zonas disponibles del suelo, lo que permite a las plantas buscar recursos y establecer relaciones mutuas[14]. Esta cooperación subterránea es tan importante para la relación de las hermanas como la que tiene lugar en la superficie. Las interacciones recíprocas de las plantas cultivadas juntas demuestran, una vez más, como dice Kimmerer, que «en una relación, los dones se multiplican»[15].

Además de extraer humedad y nutrientes del suelo, las raíces entablan relaciones simbióticas con bacterias y hongos. Las bacterias fijan el nitrógeno en una forma que las plantas puedan utilizar, y los hongos forman micorrizas que mejoran la absorción de agua y la adquisición de nitrógeno y fosfato. Estas interacciones no son unidireccionales: las plantas se benefician de un mayor acceso a la humedad y a los fertilizantes, mientras que las bacterias y los hongos reciben azúcares a cambio[16].

En el caso de las Tres Hermanas, la segunda, la judía, produce fertilizante nitrogenado porque está colonizada por una bacteria específica fijadora de nitrógeno[17]. Las micorrizas, poco estudiadas por los interesados en el sistema de las Tres Hermanas, también desempeñan un papel fundamental en los entornos naturales. Son especialmente importantes para la formación de comunidades y la comunicación, ya que un solo hongo puede conectar múltiples plantas bajo tierra, creando vínculos y redes entre ellas. Al tiempo que adquieren carbono de las plantas que colonizan, las micorrizas también facilitan el intercambio de carbono entre los individuos vinculados[18]. Este tipo de interacción produce redes de intercambio de recursos, una economía diversificada entre individuos distintos unidos en una comunidad.

Aunque las Tres Hermanas trabajan juntas en armonía, no todas las interacciones en un entorno diverso son igual de amistosas. Por eso es tan importante que las plantas detecten y respondan en consecuencia. Como vimos en el Capítulo 2, las plantas deben evaluar si las potenciales interacciones son susceptibles de ser beneficiosas o perjudiciales, es decir, si aquellos con los que interactúan son amigos o enemigos. Las plantas identifican las bacterias nocivas —patógenos— mediante moléculas específicas que están presentes en las paredes celulares de las bacterias en cuestión. Algunas de estas moléculas se han ido conservando en gran medida a través de la evolución, por lo que muchos patógenos diferentes contienen las mismas. Estos fragmentos moleculares de los patógenos, detectables por los receptores de las plantas, son una potente señal de peligro inminente[19]. Como estas moléculas se liberan cuando las bacterias interactúan con la superficie de la planta o el suelo, la señal que indica la presencia de un posible invasor se envía también a las plantas vecinas. Esta capacidad de advertir del peligro también se da en algunos animales. Por ejemplo, cuando son atacados por depredadores, los peces liberan sustancias químicas que pueden ser percibidas por otros peces de un banco. Cuando esos individuos cercanos están emparentados con el pez atacado, este libera una mayor cantidad de tales sustancias químicas[20].

Las plantas responden a estas amenazas con mecanismos de defensa que intervienen tanto localmente como a distancia. Recordemos que cuando es atacada por un patógeno, la planta produce compuestos orgánicos volátiles que viajan dentro de sí misma o por el aire, para advertir a otras plantas del peligro.

Es este tipo de comportamiento el que permite a las plantas sobrevivir y prosperar en condiciones dinámicas. No solo los depredadores van y vienen, sino que las propiedades del suelo, como la disponibilidad de nutrientes, el contenido de humedad y el pH, varían, y la composición de las propias comunidades vegetales cambia con el tiempo. El acceso a la luz o a los nutrientes del suelo puede variar a medida que aumenta el número y la densidad de plantas en un espacio determinado, y algunas crecen en altura. Las condiciones ambientales heterogéneas pueden favorecer la resiliencia ecológica de la comunidad y aumentar la diversidad de los ecosistemas[21].

El sistema de las Tres Hermanas nos muestra que la reciprocidad en un entorno diverso redunda en un crecimiento productivo. También pone de relieve los efectos beneficiosos de las interacciones comunitarias y la sabiduría de un enfoque basado en el ecosistema para promover la comunicación y favorecer el éxito. Las Tres Hermanas también ilustran el poder de la asociación, las relaciones recíprocas, el reparto dentro de un nicho ecológico y la circulación de nutrientes o recursos[22]. Las lecciones de las Hermanas pueden aplicarse también a los debates sobre valores compartidos[23].

Sin embargo, la lección más importante y duradera que puede extraerse es la comprensión de que cada individuo de una comunidad aporta competencias particulares y tiene el potencial de ofrecer contribuciones únicas. Tenemos que ser más conscientes de la contribución potencial de cada persona, fomentar las sinergias y animar a la colectividad a acoger estos dones y a reconocer que enriquecen a la comunidad en su conjunto y la hacen prosperar[24].

Los pueblos indígenas que desarrollaron la plantación de cultivos de las Tres Hermanas conocían los beneficios de plantar maíz, judías y calabaza juntos mucho antes de que los científicos identificaran las relaciones recíprocas entre ellas y dieran nombre a los mecanismos y procesos que las sustentan. Pensemos en todos los demás conocimientos que los grupos indígenas tenían y siguen teniendo sobre el mundo natural. Tal vez haya llegado el momento de tender un puente entre las bases del conocimiento indígena y el conocimiento científico[25]. Aunar así estos conocimientos sirve para reflejar el mundo natural. Las Hermanas nos ofrecen lecciones que se inspiran en el conocimiento de las plantas y que trascienden sus límites. Al fin y al cabo, como explica Kimmerer, «la ciencia nos pide que aprendamos *sobre* los organismos. El conocimiento tradicional nos pide que aprendamos *de* ellos»[26].

La naturaleza de las relaciones recíprocas que se dan en el cultivo de las Tres Hermanas puede orientarnos sobre cómo los seres humanos interactuamos en diversos ámbitos de nuestra vida, como el personal, el profesional y el educativo. A menudo pensamos que estos ámbitos de nuestra existencia compiten entre sí en términos de tiempo, energía y recursos, entre otros aspectos[27]. Dado que el tiempo y la energía que dedicamos a una cosa u otra están relacionados en gran medida con lo que percibimos como obligaciones y recompensas, tendemos a considerar que nuestro compromiso con un área nos quita un tiempo y una energía valiosos que estarían mejor empleados en otras, lo que nos obliga a hacer malabarismos constantemente para satisfacer exigencias contradictorias.

En lugar de pensar que estos ámbitos compiten entre sí, deberíamos considerar que la integración, o el intercambio mutuo entre distintos ámbitos puede ser fructífero tanto en el plano personal como en el profesional, del mismo modo que el cultivo conjunto de diferentes especies aumenta la productividad[28]. Como profesora, a menudo me siento dividida entre la enseñanza, la tutoría, la investigación y la participación en actividades administrativas. Cuando empecé a reconocer el posible solapamiento entre estas distintas actividades y a cultivar la sinergia, por ejemplo, utilizando los resultados de mis investigaciones como material didáctico para mis clases, aprecié la importancia de cultivar la reciprocidad. De hecho, si viéramos los distintos campos como espacios de reciprocidad en términos de responsabilidades u oportunidades, en lugar de como competidores por el tiempo, la energía o los recursos, el «equilibrio» entre la vida profesional y la vida privada daría lugar a otras prioridades y ofrecería oportunidades adicionales.

Al igual que el maíz en el cultivo de las Tres Hermanas, el primer ámbito es la base que sustenta el crecimiento del siguiente. Una vez sentados unos cimientos sólidos, podemos desarrollar el crecimiento de un segundo ámbito que sea interdependiente del primero y se vea respaldado por él.

Por último, añadimos un tercer eje, igualmente importante pero menos prioritario. Una vez establecidos los criterios básicos para evaluar el éxito que buscamos en nuestra vida o carrera profesional, podemos definir las actividades complementarias que encajarán en nuestras dos primeras áreas, o «hermanas», o que las potenciarán en el marco de una asociación. En mi carrera profesional, los tres ámbitos están definidos por los criterios de evaluación y promoción: investigación, docencia y servicio. En mi vida privada, tengo definidos dos ámbitos principales: la crianza de los hijos y la vida profesional; y un tercero, que es una elección personal: el cuidado de mi propia salud. Como el maíz, las judías y la calabaza, estos ámbitos «cooperan sin competir»[29]. Dar largos paseos con mi hijo en verano es una de las formas que he encontrado de vincular la crianza con el cuidado personal. El sistema de las Tres Hermanas ofrece un valioso marco para reflexionar sobre cómo aunar la esfera personal y la profesional.

Las Tres Hermanas también nos enseñan que «las demás [criaturas no humanas] pueden ser maestros, guardianes del saber, guías», en palabras de Kimmerer[30]. Estas lecciones son esenciales para construir, fomentar y poner en práctica la competencia intercultural. La mejor manera de facilitar el acceso y favorecer el éxito de las personas de diversos orígenes culturales es valorar los dones que cada una de ellas tiene que ofrecer. Debemos poner en práctica esta lección en muchos ámbitos: en nuestras comunidades, nuestras escuelas y nuestros lugares de trabajo[31]. Esta lección cobra cada vez más relevancia a medida que cambia la demografía de la población estadounidense y se diversifican rápidamente las comunidades de estudiantes y trabajadores[32]. Nuestra capacidad para reconocer y aceptar los beneficios recíprocos de la diversidad es de vital importancia.

Si somos capaces comprender que las Tres Hermanas, y todas las plantas, tienen que enseñarnos en este sentido, nos aguarda un gran caudal de sabiduría.

Elijo . . . vivir de forma que lo vino a mí
como semilla llegue a otros convertido
en flor, y lo que vino como una flor
se convierta en fruto.

—DAWNA MARKOVA,
   I Will Not Die an Unlived Life

6

Un plan de éxito

Recuerdo a mi madre observando atentamente sus preciadas plantas para saber cuándo llegaban al final de su vida en las maceta. A menudo comentaba que pronto llegaría el momento de trasplantarlas o dividirlas. Las sacaba con cuidado de la maceta y las colocaba en otra más grande o separaba los brotes y los trasplantaba. Si no se trasladada a un lugar con más recursos, la planta se atrofiaba y moría o, a veces, florecía de forma prematura. Mi madre facilitaba el proceso con una cuidadosa mediación, ayudando a la planta a prosperar en su entorno y permitiéndole pasar de forma natural a la siguiente etapa de su ciclo vital.

En el Capítulo 4 analizamos la sucesión ecológica en el contexto de la transformación. Como vimos, la capacidad de una planta para competir con otras o adaptarse a una comunidad en evolución determina cuánto tiempo podrá sobrevivir en un entorno concreto[1]. Si el entorno no permite la supervivencia a largo plazo, la planta se las ingeniará para poner fin a su vinculación con él. Una posible estrategia consiste en pasar del crecimiento a la floración y la deposición de semillas, con la esperanza de que estas gocen de mejores condiciones.

Cada planta sigue su patrón natural de crecimiento y desarrollo, basado en su historia y en sintonía con su entorno y comunidad actuales. Una planta anual debe florecer y producir semillas durante su ciclo vital o, de lo contrario, perderá la oportunidad de tener descendencia. Una planta perenne, en cambio, puede permitirse el lujo de perder una temporada de floración y producción de semillas porque tendrá oportunidades de reproducirse en años posteriores[2]. Aunque plantas con ciclos vitales diferentes puedan coexistir en el mismo entorno, cada una tiene un repertorio específico (aunque adaptable al entorno) de comportamientos basados en su composición genética y debe ajustar sus elecciones y su gasto energético en consecuencia.

Como todos los organismos vivos, las plantas disponen de una cantidad finita de energía, por lo que sus decisiones vienen dictadas por su percepción del entorno. Deben calcular minuciosamente su consumo de energía, sobre todo en épocas de poca disponibilidad de recursos, ya que la energía utilizada para una actividad deja de estar disponible para otras actividades.

Tras utilizar sus capacidades sensoriales para evaluar los cambios de su entorno, las plantas deciden qué acciones emprender para sobrevivir y seguir siendo productivas. Si la supervivencia parece imposible, la planta intentará favorecer el desarrollo de la siguiente generación.

Las respuestas de las plantas a su entorno vienen determinadas por las condiciones a las que se ven sometidas a lo largo de su ciclo vital. Las primeras etapas de vida, como el asentamiento de las plántulas, pueden influir en las posteriores, y la forma en que una planta responde a las señales ambientales en determinadas etapas de su ciclo vital afecta a sus características. Incluso plantas genéticamente muy parecidas pueden mostrar distintos niveles de plasticidad fenotípica en función de sus respuestas moleculares a señales ambientales. Por ejemplo, los científicos estudiaron dos ecotipos —variantes genéticamente distintas— de una pequeña planta con flores, la estelaria de tallo largo (*Stellaria longipes*), que a lo largo de muchas generaciones se había adaptado a dos entornos distintos y respondía de forma diferente a las señales ambientales variadas entre estos hábitats divergentes[3]. Los investigadores analizaron un ecotipo que crecía en prados, donde hay sombra y vegetación densa, y otro que se daba en praderas alpinas, donde la vegetación es más escasa y la rivalidad por la luz es menos pronunciada. El primer ecotipo, adaptado a la sombra, mostró una gran capacidad competitiva para alargarse rápidamente en presencia de sombra. Por el contrario, las plantas alpinas adaptadas al sol mostraron una respuesta mucho más limitada a la sombra: se alargaron mucho menos cuando fueron expuestas experimentalmente a niveles de luz más bajos, una señal que rara vez encontraban en su entorno natural. La diferencia observada en la capacidad de respuesta a la disponibilidad de luz es el resultado de las interacciones entre la composición genética de la planta, sus respuestas moleculares a las señales del entorno y su historia ambiental.

El hábitat natural, la historia vital y la capacidad molecular de una planta para responder a los distintos recursos disponibles también determinan las respuestas de la planta a lo largo del ciclo vital. Los efectos de la historia ambiental pueden observarse desde el momento en que la planta embrionaria emerge de la semilla. Esta etapa de crecimiento, conocida como «transición de semilla a plántula», es una etapa crítica del desarrollo de la planta, influenciada tanto por la dinámica de su entorno como por la historia ambiental de la población de la que procede[4]. Durante la transición de semilla a plántula, hay un punto de inflexión decisivo: de la dependencia de las reservas energéticas depositadas en la planta embrionaria por la madre, la planta pasa a un crecimiento autónomo alimentado por la energía producida por sí misma mediante la fotosíntesis. Esta transición es delicada. La plántula debe adaptar su metabolismo con precisión, asegurándose de gastar su energía con cuidado a fin de acumular todos los componentes necesarios para realizar la fotosíntesis antes de agotar las reservas energéticas heredadas de su madre. Como las plántulas son especialmente vulnerables a la depredación y a otros peligros, la transición supone un cuello de botella para el arraigo de la especie, lo que puede condicionar la composición de las poblaciones vegetales[5]. Aunque se trata de un breve periodo en el ciclo vital de una planta, este tiempo de transición puede influir en la dinámica de las comunidades naturales y en el mantenimiento de la diversidad de especies. Sin duda, el patrón general del proceso de germinación es el resultado de estrategias evolutivas consolidadas a lo largo del ciclo vital. Sin embargo, para muchas semillas, este proceso puede ser modulado por factores ambientales tales como el agua o la luz disponibles. Así pues, la regulación precisa del momento y la progresión de esta transición permite a las plantas organizar la sucesión en entornos específicos[6].

El entorno influye mucho en la transición de las plantas de una etapa vital o generación a la siguiente. En determinadas condiciones ambientales, por ejemplo, las plantas deciden acelerar su ciclo vital o desprenderse de sus hojas. Poner fin a un ciclo vital o sacrificar órganos esenciales no es algo que las plantas decidan a la ligera. Sin embargo, entienden que sacrificar la productividad a corto plazo para preservarla a largo plazo es a veces la decisión más sensata.

En condiciones de sombra prolongada, algunas plantas que evitan la sombra aceleran su desarrollo reduciendo la duración de su periodo de floración. Con la reducción del periodo de vida de una planta anual o del periodo de crecimiento de una planta perenne también se acorta el tiempo de almacenamiento de recursos. Las semillas maduras producidas por las plantas que actúan de este modo son menos numerosas y más pequeñas[7]. Sin embargo, producir semillas en pequeñas cantidades es probablemente mejor que arriesgarse a una existencia vegetativa y estéril si persisten las malas condiciones. Además de reducir el tiempo de floración, estas plantas suelen limitar su ramificación, lo que se traduce en una menor biomasa foliar disponible para la inversión de energía.

Otra forma de planificación con la que todos estamos familiarizados y que siempre nos produce un gran placer es la aparición anual de los colores otoñales. En esta época del año, los árboles y arbustos caducifolios dejan caer sus hojas en preparación para el invierno. Una fase crucial de este proceso cuidadosamente programado es la reducción de la producción de clorofila, que consume mucha energía, y la degradación de los cloroplastos existentes. Esto pone fin al proceso fotosintético y permite a la planta conservar la energía que, de otro modo, necesitaría para mantener activo los mecanismos fotosintéticos, evitando los costes metabólicos de conservar la biomasa foliar durante el invierno. Las plantas también transfieren nutrientes de sus hojas a otras partes de la planta que sobrevivirán a la estación fría[8].

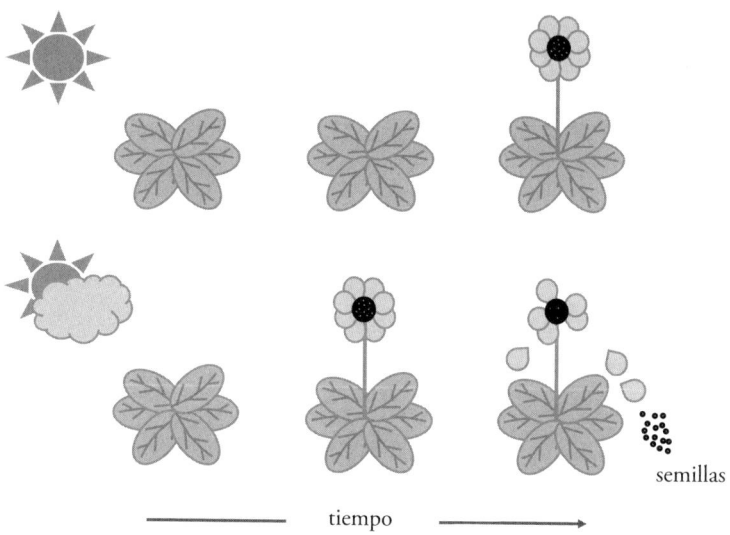

semillas

tiempo

Las plantas que crecen en malas condiciones, por ejemplo, en zonas muy sombreadas (*abajo*), pueden experimentar limitaciones en la fotosíntesis y, por tanto, en la producción de energía, en comparación con sus homólogas en condiciones óptimas, como a pleno sol (*arriba*). Si persisten las malas condiciones, las plantas afectadas pueden acelerar la floración para aumentar sus posibilidades de producir semillas antes del final de su ciclo vital.

Con la pérdida de clorofila, otros pigmentos de las hojas se vuelvan más visibles, como los amarillos y naranjas intensos y brillantes de los carotenoides y los rojos de las antocianinas[9]. El cambio en la síntesis de pigmentos se coordina con la caída de las hojas como parte de una estrategia de asignación de energía. Este proceso sienta las bases de un plan de futuro en el que las plantas se preparan para subsistir en un estado menos activo. Al sacrificar sus hojas, un árbol puede utilizar la energía mínima producida o movilizada de las reservas de carbono durante los meses de invierno para funciones metabólicas y procesos básicos relacionados con la protección de los meristemos y las yemas, que se utilizarán para iniciar la producción de nuevas hojas en primavera. Aunque la caída de las hojas es un proceso distinto de la floración acelerada, ya que los árboles caducifolios se desprenden de su follaje cada año, este calendario varía en cierta medida en respuesta a los cambios en las señales estacionales.

La planificación puede realizarse a nivel individual, como en los ejemplos descritos anteriormente, o puede coordinarse a nivel comunitario, como en el reparto de recursos entre plantas maduras y jóvenes en condiciones poco óptimas, como puede ser la escasez de recursos. Los investigadores han descubierto que, en algunos casos, las plantas de más edad, llamadas «plantas nodrizas», proporcionan apoyo a sus homólogas más jóvenes y pequeñas (sean o no de la misma especie). Pero, aunque las plantas jóvenes reciben apoyo de las plantas nodrizas, la relación no es unidireccional: juntas, las plantas jóvenes y maduras disfrutan de mejores condiciones de crecimiento y supervivencia que cuando crecen aisladas, como en el caso del maíz, las judías y la calabaza en el sistema de las Tres Hermanas. Las plantas jóvenes se benefician de la sombra proporcionada por las plantas nodrizas, y del mayor acceso al agua y los nutrientes proporcionado por la hojarasca depositada bajo las plantas de más edad. Es probable que esta hojarasca también mejore las propiedades del suelo, alterando su química y sus niveles de nutrientes y potenciando las relaciones simbióticas con bacterias y hongos. Estos cambios en el suelo crean un circuito de retroalimentación que favorece a todas las plantas, con independencia de su edad. Otro beneficio para las plantas nodrizas es que producen más flores que sus homólogas de la misma edad que crecen aisladas, posiblemente debido a la mejora de las propiedades del suelo. Un mayor número de flores puede atraer a más polinizadores, lo que amplifica el efecto de una floración más abundante en la producción de semillas.

Del mismo modo, en el bosque, los árboles más viejos tienen la oportunidad de ayudar a los jóvenes mediante el transporte activo de azúcares de las plantas maduras a las más jóvenes a través de las redes micorrícicas que conectan sus raíces para satisfacer sus grandes necesidades energéticas[10]. Cuando los árboles más viejos mueren, proporcionan una fuente de compuestos orgánicos reciclados que los árboles más jóvenes pueden utilizar para mejorar su crecimiento y salud.

En el contexto de las comunidades micorrícicas tienen lugar otras respuestas relacionadas con la planificación y el reparto de recursos. Los hongos que forman las micorrizas suelen estar asociados a una red de plantas diversas[11]. Las micorrizas permiten a las plantas ahorrar energía porque aumentan la absorción de nutrientes y agua por parte de las raíces, con lo que el beneficio para la planta supera con creces el coste en azúcares compartidos con su socio fúngico[12]. El hecho de que las micorrizas conecten varias plantas facilita la toma de decisiones compartida y el mantenimiento de la comunidad: las plantas con exceso de reservas energéticas pueden repartirlas entre los individuos más vulnerables de la comunidad para favorecer su crecimiento y supervivencia. El alcance de este intercambio quedó documentado en un ingenioso experimento realizado en un bosque de Suiza. Los investigadores rastrearon el carbono (en forma de dióxido de carbono) que había absorbido un gran abeto y descubrieron que una importante cantidad del mismo se había transferido a árboles vecinos de especies diferentes a través de una red de micorrizas[13].

Otra forma en que las plantas se apoyan mutuamente y se aseguran el éxito futuro es enviando señales a sus vecinas en caso de ataque. Como vimos en el Capítulo 2, para defenderse de los herbívoros, muchas plantas liberan señales en forma de compuestos orgánicos volátiles. Estas señales sirven a la planta tanto para protegerse del peligro como para advertir a sus parientes. (Algunos insectos y herbívoros han desarrollado una respuesta. Estos depredadores también emiten sus propias señales, que interrumpen la comunicación entre las plantas, confundiendo a sus vecinas y dejándolas en un estado que las hace más vulnerables[14]).

Estas elaboradas respuestas, basadas en la comunidad y coordinadas a escala ecosistémica, suelen ser útiles para las plantas, tanto a nivel individual como comunitario. Sin embargo, las plantas a menudo se enfrentan a múltiples tensiones simultáneas y deben priorizar sus respuestas para administrar su energía de forma adecuada. Ante una situación de estrés lumínico, por ejemplo, la planta puede suspender temporalmente su respuesta a otros factores de estrés para dar prioridad a su capacidad de captar más luz o, en caso de exceso de luz, para protegerse de la sobreexcitación[15]. Los científicos también han observado que las plantas sometidas a estrés por salinidad, como las que crecen en suelos muy salinos —cada vez más comunes en todo el mundo—, son menos capaces de iniciar respuestas de evitación de la sombra, mientas que las que responden a la sombra a menudo muestran una menor defensa frente al ataque de los herbívoros[16].

Como hemos visto, en las comunidades naturales, las plantas desarrollan estrategias para cuidarse a sí mismas y relacionarse con otras movilizando su energía, modificando su ciclo vital, compartiendo recursos o enviando señales de peligro. Pero cuando cuidamos de nuestros jardines, plantas de interior y cultivos, los humanos intervenimos en calidad de cuidadores.

Todos hemos tenido alguna vez una planta a nuestro cuidado que no iba bien. ¿Cómo podemos hacer si una planta sufre estrés? ¿Cómo podemos ayudar a una planta de interior que no prospera? Para resolver el problema, generalmente nos centramos en lo que falta o falla en su entorno o, en su defecto, en lo que hace mal el cuidador. Rara vez nos preguntamos si la propia planta es capaz de crecer o desarrollarse adecuadamente.

Nuestra reacción más habitual es, antes que nada, hacer una evaluación detallada del entorno de la planta. ¿Recibe suficiente o demasiada luz?, ¿dispone de los nutrientes necesarios y en cantidades adecuadas?, ¿la estamos regando demasiado o demasiado poco?, ¿es muy baja o muy alta la temperatura?,

¿hay indicios de que plagas o herbívoros estén amenazando la vida de la planta?, ¿hay otros signos de deterioro de la forma física o de sufrimiento? Es esencial realizar una observación exhaustiva de todos los elementos, tanto vivos como inertes, que componen el entorno de la planta en cuestión. Normalmente, intervenimos de forma selectiva, controlando el estado de la planta para asegurarnos de que los remedios aplicados mejoran realmente la situación.

Una vez realizado este examen e identificadas necesidades específicas o insatisfechas, a menudo comprobamos que para ayudar a una planta a prosperar satisfactoriamente hay que proporcionarle nuevos recursos o reubicar los existentes. Evaluamos si los recursos que ya están presentes en el entorno

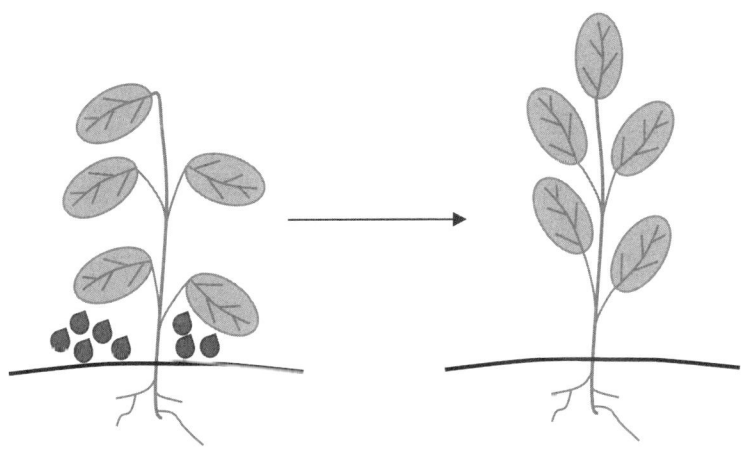

Una planta marchita (*izquierda*) necesita claramente agua, algo que nosotros podemos proporcionarle. El riego le ayuda a recuperarse (*derecha*). Una planta marchita que no recibe agua sigue sufriendo estrés y acaba muriendo.

deben ponerse a disposición de la planta para favorecer su crecimiento y desarrollo. Por ejemplo, la presencia de un grifo no servirá de nada si el agua no puede llegar al suelo en el que crece la planta. El conocimiento profundo del entorno, combinado con la plena conciencia de las necesidades específicas de la planta, es lo que necesitamos para poder proporcionarle los recursos que necesita para salir adelante.

En algunos casos, un recurso está disponible en cantidades suficientes, pero puede que sea deficiente en algún otro aspecto. Por ejemplo, el agua del grifo contiene a veces impurezas que merman su calidad. En este caso, la depuración podría resolver el problema, al igual que el agua embotellada o filtrada, para que la planta crezca y sobreviva.

Para ayudar a una planta a prosperar, hay que ser capaz de reconocer sus necesidades presentes y futuras, y luego identificar y adquirir los recursos necesarios. Entre dos plantas con el mismo potencial de crecimiento, pero diferente acceso a los recursos vitales, aquella cuyas necesidades estén cubiertas crecerá y será más productiva.

Cuando nuestros esfuerzos fracasan, o cuando no sabemos qué está impidiendo el crecimiento de nuestra planta, a menudo recurrimos a alguien que sabe más que nosotros. Achacamos el fracaso a nuestra incompetencia o a nuestros errores y, por ello, a menudo buscamos mejorar nosotros mismos. A veces pedimos ayuda a alguien que sabemos que es bueno cuidando plantas. Es decir, buscamos de forma activa que nos guíen y nos entrenen para ser mejores cuidadores, incluso pidiendo consejo sobre cómo identificar qué recursos necesita la planta o cómo mejorar nuestras habilidades.

Si una planta no evoluciona bien, como último recurso, atribuimos el error a un fallo a la hora de identificar cómo ayudar a la planta, pero no a una deficiencia de la propia planta. Una vez que hemos agotado todas las acciones posibles, nos hemos formado nosotros mismos o hemos recurrido a un experto para que intervenga, podemos llegar a la conclusión de que no hemos sabido identificar las necesidades de la planta o que esta no es capaz de desarrollarse en el contexto dado o bajo nuestros cuidados. En tales casos, rara vez emitimos un dictamen negativo sobre la planta en sí; más bien aceptamos a regañadientes nuestro fracaso a la hora de subsanar las deficiencias del entorno para favorecer su crecimiento.

Para cultivar el crecimiento individual y el éxito de las personas, debemos aplicar el mismo tipo de mentalidad basada en la investigación que utilizamos para las plantas. He descubierto que, cuando cuidamos una planta, solemos centrarnos en lo que podemos hacer para que prospere. Cuando orientamos o asesoramos a una persona, nuestras inclinaciones iniciales son muy distintas. A menudo nos apresuramos a señalar sus presuntas debilidades o carencias en lugar de tratar de identificar posibles barreras ambientales.

El enfoque global basado en una mentalidad de crecimiento es mucho más eficaz para favorecer el desarrollo y el éxito del individuo. Este enfoque reconoce la importancia de un planteamiento bilateral, que tenga en cuenta tanto al individuo como al entorno. Afortunadamente, en los centros educativos, entornos profesionales, programas de divulgación basados en la comunidad y programas de orientación, algunos tutores y líderes están empezando a considerar el impacto de los factores ambientales en el potencial de crecimiento o éxito de los individuos, en lugar de pensar por defecto en términos de déficit.

A pesar de estos progresos, aún queda mucho camino por recorrer. Al igual que hacemos cuando cuidamos de las plantas, deberíamos empezar preguntándonos por los efectos del entorno. Cuando las plantas son abandonadas a su suerte, sienten y perciben las señales del entorno exterior. Su percepción lleva a la planta a ajustar su red de señalización, lo que en última instancia produce un resultado. Sin embargo, cuando se trata de otros seres humanos, a menudo invertimos el proceso. Mi trabajo me ha demostrado que cuando actuamos partiendo de una mentalidad en términos de déficit, la percepción de un rendimiento deficiente nos lleva a emitir un juicio negativo sobre el individuo. Cuando surgen dificultades, nos apresuramos a identificar puntos débiles o a juzgar que una persona concreta será incapaz de afrontar un reto. A menudo recurrimos a tales juicios en lugar de fijarnos en el individuo y su entorno[17].

Esta tendencia es especialmente pronunciada cuando los individuos de grupos minoritarios, marginados o históricamente infrarrepresentados y excluidos tienen dificultades para aclimatarse o triunfar en determinados entornos[18]. El sistema suele etiquetarlos de «incapaces de triunfar». Este enfoque basado en el déficit no evalúa adecuadamente el impacto de los factores ambientales en el rendimiento individual. Quienes están en posición de juzgar suelen suponer que el entorno contiene pocos factores perjudiciales que puedan crear barreras, limitando el potencial del individuo. Debemos actuar como lo hacemos con las plantas, considerando a los individuos como capaces de desarrollarse, examinando detenidamente su entorno y analizando hasta qué punto hemos sido sensibles a la hora de cuidar ese entorno.

No debemos, por defecto, dar por sentado que el sistema en el que todos intentamos progresar es infalible o que el entorno es adecuado. Una buena comprensión de los efectos del sistema en los individuos enriquecerá y optimizará enormemente nuestras formas de actuación, desde el apoyo y la promoción hasta la tutoría y las responsabilidades de liderazgo. Además, conocer la historia de apoyo e inclusión, o la falta de ellos, en una organización, puede ayudar a que los individuos sean menos propensos al síndrome del impostor. Este síndrome, que se caracteriza por sentimientos de inadecuación a pesar del éxito demostrado, se atribuye cada vez más no solo a factores internos relacionados con los rasgos de la personalidad, sino también a factores externos como la competencia, el aislamiento y la falta de orientación[19].

Un buen conocimiento de los recursos disponibles, en combinación con la plena consciencia de las necesidades individuales, nos permite realizar esfuerzos específicos para conectar a las personas con los recursos que les ayudarán a tener éxito. Actuar como administradores ambientales es una de nuestras funciones más importantes[20]. Y como buen administrador, un colaborador con mentalidad de crecimiento será capaz de identificar una carencia de recursos, facilitar el acceso a otras alternativas adecuadas o ayudar a mejorar el recurso existente (igual que utilizamos un filtro para purificar el agua contaminada del grifo). Podemos fomentar esta transformación de los recursos en una comunidad impartiendo formación para mejorar la orientación, el apoyo y el liderazgo. Los líderes comunitarios desempeñan un papel clave a la hora de ofrecer perspectivas que los miembros de la comunidad se comprometan a poner en práctica, ofreciendo estructuras de preparación a través del apoyo y la mentoría, creando mecanismos de supervisión y recompensando debidamente los esfuerzos.

La labor de los colaboradores, tutores y líderes es crucial para ayudar a las personas a desarrollar todo su potencial. Entre dos personas con las mismas aptitudes, la que tenga acceso a los recursos adecuados o esté integrada en una buena red de apoyo o desarrollo, tendrá más probabilidades de éxito. La posibilidad de obtener resultados positivos depende, en gran medida, de que los cuidadores que forman parte de redes establecidas sepan de qué manera su propia experiencia, conocimientos y acceso a los recursos pueden ser útiles para satisfacer las necesidades individuales de las personas a las que apoyan y para favorecer la consecución de sus objetivos. Esto requiere que los colaboradores y compañeros puedan ofrecer un apoyo culturalmente pertinente, basado en mejores prácticas o en las innovaciones necesarias. De esto modo, los líderes comunitarios pueden establecer objetivos claros, pero también ofrecer tiempo e incentivos a quienes desean mejorar su capacidad de asesoramiento y coordinación tanto con individuos como con grupos[21].

Si el asesoramiento no produce los resultados deseados, los colaboradores, tutores y líderes pueden pedir consejo a personas con experiencia[22]. Un asesor puede recomendar acciones específicas que emprender, ayudar a aumentar el conocimiento de los recursos o facilitar el acceso de las personas que necesitan apoyo y orientación a los recursos disponibles[23]. Pedir consejo sobre el cuidado de las plantas a alguien más competente no se ve como una debilidad; del mismo modo, tenemos que promover entornos, comunidades y culturas en los que pedir consejo sobre la mejor manera de apoyar y orientar a los demás sea visto como una fortaleza —incluso una responsabilidad— que se ha de fomentar, reconocer y recompensar.

Si una relación de apoyo no progresa adecuadamente, la forma en que cuidamos nuestras plantas puede servirnos de lección. Al igual que hacemos con una planta que no va bien, deberíamos cuestionar la idoneidad del apoyo, en lugar de atribuir la falta de resultados a las carencias irreparables del individuo en cuestión. Si el fracaso del apoyo está relacionado con una cuestión cultural, las intervenciones sobre «prácticas culturalmente apropiadas» en la orientación y el apoyo pueden mejorar la capacitación de quienes prestan apoyo en la asistencia a personas de orígenes muy diversos[24]. La aplicación de tales prácticas puede «ayudarnos a comprender cómo centrarnos en la mejora cultural de las comunidades marginadas» y a evaluar las barreras estructurales sistémicas que impiden los procesos[25].

Uno de los principales requisitos para el desempeño eficaz del apoyo culturalmente apropiado es «adoptar una perspectiva dual, viendo [a la persona que recibe el apoyo] tanto como individuo como parte de un contexto social más amplio»[26]. Esto también significa comprender plenamente que muchos de los retos a los que se enfrentan las personas procedentes de entornos minoritarios son el resultado de una larga historia de injusticias sistémicas[27]. Si la persona que presta el apoyo no mejora ni siquiera después de recibir un asesoramiento adecuado, no debe verse como un fracaso admitir que es poco probable que la situación conduzca a un resultado positivo y que es mejor trasladar la tarea a un cuidador más adecuado. Persistir en una relación inadecuada, podría conducir a un completo fracaso en el desarrollo del individuo al que se está presentado el apoyo. Al margen de las intenciones del cuidador, la atención debe centrarse siempre en favorecer el crecimiento, no en provocar daños.

Observando y poniendo en práctica las lecciones basadas en el cuidado de las plantas podemos obtener una gran cantidad de conocimientos e inspiración sobre cómo fomentar el crecimiento de los demás. La forma en que nos relacionamos con las plantas, adoptando una perspectiva de crecimiento con énfasis en la observación y la evaluación, puede ayudarnos a transformar nuestro modo de relacionarnos con las personas a las que estamos orientando o apoyando, centrándonos en ayudarles a alcanzar sus metas personales y profesionales. Al igual que hacemos con las plantas, necesitamos confiar en las señales para guiarnos. Nuestros entornos personales y profesionales priorizan sistemáticamente los modelos de éxito y los logros individuales sobre el compañerismo y la reciprocidad basados en la comunidad[28]. Debemos pasar de los enfoques de tutoría y apoyo basados en el déficit, en particular para las personas de grupos infrarrepresentados que a menudo no reciben suficiente apoyo en sus entornos educativos o profesionales, a prácticas guiadas por un objetivo de desarrollo. Este segundo modelo tiene un gran potencial para mejorar los resultados con personas de una gran variedad de grupos demográficos y orígenes. La presencia y el florecimiento en nuestro entorno de individuos capaces de alcanzar sus objetivos tiene un efecto positivo también para las comunidades en las que viven, trabajan y aprenden.

El apoyo mutuo de las plantas es una gran lección para nosotros. La forma en que las plantas nodrizas apoyan a las plantas jóvenes de las que son «tutoras», y los consiguientes beneficios que obtienen en términos de crecimiento y reproducción, nos muestran que debemos dar prioridad a la colaboración frente a la competición. Estas plantas nodrizas, junto con el sistema de las Tres Hermanas, nos recuerdan que prosperamos más cuando trabajamos juntos.

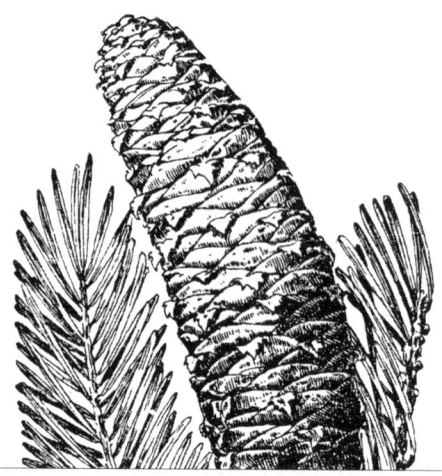

Nuestra capacidad y predisposición para elegir
bien y tomar decisiones acertadas no está
en nuestro código genético. Es una habilidad
que se aprende, y las plantas pueden ser grandes
maestras.

—MONICA GAGLIANO, *Thus Spoke the Plant*

Conclusión

Jardinería

Cuando mi hijo era un bebé, plantamos «su» árbol para poder verlo crecer en paralelo y celebrar sus hitos estacionales y anuales. Elegimos un abeto blanco, que es de hoja perenne. Aunque no le afecta la caída de las hojas en otoño, este árbol experimenta cambios permanentes que fueron motivo de reflexión en la familia. El primer año, con el tronco ligeramente inclinado hacia el este, lo rodeamos cuidadosamente con un cordel, atamos el extremo a un palo plantado en el lado opuesto y tiramos suavemente de él para que creciera más recto. Aunque mi hijo no lo entendía del todo, le explicamos que este tipo de suave orientación es a menudo necesaria en la juventud. Y en el caso de los árboles, es más eficaz en los primeros años, cuando el tronco aún es flexible.

Con el tiempo, mientras cuidábamos de su abeto, le expliqué a mi hijo que el aire que exhalaba, el dióxido de carbono, era un regalo para el árbol. Este lo absorbería y lo convertiría en azúcares que le ayudarían a producir hojas o incluso madera, de modo que siempre formaría parte del árbol. Cuando el abeto alcanzó su «adolescencia», seguimos proporcionándole con cariño los cuidados y recursos adicionales que necesitaba.

Su crecimiento anual aumentó, al igual que el de mi hijo, cuyos tobillos asomaron de repente por debajo del dobladillo de unos pantalones que el mes anterior le habían quedado perfectos. Ahora el árbol sigue madurando hacia la etapa adulta, mientras que mi hijo ya ha alcanzado la mayoría de edad. Él ha cuidado de su árbol, que ha sido su maestro durante casi dos décadas; sin embargo, sabemos que este árbol aún tiene mucho que enseñarnos.

Los capítulos anteriores te han presentado algunas de las muchas lecciones que podemos aprender de las plantas, esos organismos que son una parte vital, aunque a menudo ignorada, del mundo natural. Desde los agradables climas de las regiones tropicales y ecuatoriales hasta los entornos aparentemente menos deseables de las regiones desérticas, alpinas y polares, las plantas crecen en casi cualquier tipo de entorno. Esta diversidad de hábitats es testimonio de su impresionante capacidad para percibir lo que ocurre a su alrededor, adaptarse y transformarse a sí mismas y cambiar los entornos en los que habitan.

Recuerda que, desde el principio de su existencia, la plántula no se limita tratar con lo que encuentra en un espacio concreto. Debe aprender a adaptarse al nicho o entorno en el que crece. Desde el punto de vista ecológico, el nicho representa la relación entre un organismo y su hábitat, incluidos los demás seres vivos que lo rodean. Sin embargo, el nicho no es estático; a través de un proceso denominado «construcción del nicho», los organismos pueden modificar su propio nicho y el de los demás mediante sus actividades y elecciones[1]. Este proceso de modificación que las plantas llevan a cabo en beneficio propio y de los demás —a veces también en su detrimento— es muestra de su comportamiento transformador.

Las plantas siguen aprendiendo y adaptándose a lo largo de su ciclo vital, evaluando constantemente el presupuesto energético de que disponen. Defenderse de un herbívoro, por ejemplo, puede reducir la energía disponible para otras actividades, como el desarrollo de las hojas o de nuevas ramas. La planta debe decidir si destina recursos a crecer o a defenderse de sus enemigos. Una planta de tomate cuyas hojas estén siendo atacadas por orugas utilizará energía para producir compuestos que inhiban el crecimiento del insecto, pero luego dispondrá de poca energía para destinarla a su crecimiento y reproducción. Las respuestas de las plantas también están dictadas por señales relacionadas con su estado energético. Si una planta tiene una capacidad fotosintética reducida debido a unas condiciones de poca luz, puede ser más vulnerable a los depredadores al no disponer de suficiente energía para dedicarla a su defensa[2]. El estudio de este tipo de situaciones nos ha enseñado la complejidad de las respuestas de las plantas cuando se ven expuestas a múltiples señales, ya sea de forma simultánea o secuencial.

Esta forma de percepción, respuesta y adaptación tiene lugar durante todo el ciclo vital de la planta, ya sea con el fin de maximizar su capacidad de absorción de luz para convertirla en azúcares o de extender sus raíces en busca de nutrientes. Las plantas poseen una gran capacidad para modificar su entorno en beneficio de su propio crecimiento y el de las demás, tanto de aquellas con los que comparten espacio y tiempo en el presente como de las generaciones venideras.

Las plantas determinan cuándo es mejor gastar la energía compitiendo, colaborando o completando un ciclo vital (por ejemplo, acelerando la floración cuando están a la sombra durante mucho tiempo). Saben cuándo un entorno es insostenible a largo plazo porque no cuenta con los recursos suficientes que garanticen un correcto crecimiento y cómo transformarlo mediante sus propios comportamientos o mediante la colaboración o reciprocidad con otras. Las plantas pioneras que crecen en zonas perturbadas, tienen la capacidad de transformar un ecosistema de forma que permita el asentimiento de otras plantas. Gestionan con éxito el cambio y crean condiciones que benefician a la siguiente oleada de plantas.

Además del propio comportamiento de las plantas en la naturaleza, nuestra relación con ellas constituye también una fuente de aprendizaje. El cuidado de las plantas nos lleva a adoptar una perspectiva basada en el crecimiento. Cuando cuidamos de nuestro abeto, mi familia y yo lo observamos atentamente para identificar señales, preguntándonos qué recursos puede necesitar. Estamos en sintonía con sus señales para detectar si el entorno está limitando su crecimiento.

Las plantas nos enseñan a vivir una vida plena y con propósito. Utilizan sus sensores para vigilar lo que ocurre a su alrededor y luego emplean esa información para tomar decisiones acertadas sobre cómo administrar su energía, obtener recursos y entablar relaciones productivas con sus vecinas. Podemos aplicar estas lecciones a nuestras propias vidas, a nuestras prácticas de tutoría y liderazgo, y a nuestras relaciones dentro una comunidad más amplia. Las lecciones de las plantas nos ofrecen una forma alternativa de ver y de estar en el mundo y, para algunos, una forma radicalmente diferente de orientar, guiar y liderar.

Muchas personas, incluidos tutores y líderes, se comprometen con los demás para conocerse mejor a sí mismos, en lugar de actuar desde la propia iniciativa personal; *buscan* reafirmación en lugar de *trabajar* desde la reafirmación[3]. Estas personas suelen buscar respuestas a preguntas existenciales sobre su identidad, su posicionamiento, su visión del mundo y sus objetivos. Esperan que la vida, la orientación o el liderazgo les proporcionen una razón de ser y/o una validación externa, en lugar de participar desde una posición de certeza en la que ya hayan adquirido respuestas a las preguntas quién, dónde y qué. Para poder orientar, guiar y dirigir a otros, primero necesitan saber quiénes son y qué pueden ofrecerles.

Cuando se relacionan dentro de una comunidad, los ciudadanos, tutores y líderes suelen guiarse por una perspectiva egocéntrica de autoafirmación más que por el deseo de interactuar recíprocamente con los demás. Por lo tanto, practican lo que yo denomino «impronta», es decir, forman a los demás para que sigan su propio comportamiento o se ajusten a las normas generales de un grupo[4]. Centrándose en la validación externa, promueven la aculturación; buscan la confirmación de sus decisiones, incluidos los caminos que han seguido y los objetivos personales que se han marcado[5]. Este tipo de tutoría y liderazgo está muy extendido y puede producir resultados significativos. Sin embargo, desde el momento en que el compromiso parte de una búsqueda de propósito, en lugar de un propósito definido de antemano, su alcance e impacto son limitados porque, en realidad, se trata de una búsqueda interior de carácter personal y no de una visión más amplia de lo que hay que conseguir.

Necesitamos adoptar puntos de vista, procesos y objetivos alternativos, imaginar y desarrollar una «visión de propósito» y progresión, lo que yo llamo una forma de vivir, orientar o liderar ajustable al entorno. Como las plantas, debemos aprender de nuestras experiencias y modificar los comportamientos que no conducen a ninguna parte. Este proceso comienza con una fase de autoevaluación y autorreflexión con el compromiso de trabajar sabiendo quiénes somos, dónde estamos y qué buscamos. Solo así podremos actuar con acierto. La autorreflexión es crucial por muchos motivos: nos permite tomar conciencia de nuestros puntos fuertes y débiles, así como esclarecer nuestros objetivos y aspiraciones personales. Con estos conocimiento, estaremos en condiciones de identificar el nicho en el que centrar nuestros puntos fuertes y las oportunidades para abordar nuestros puntos débiles. Un tutor o líder inteligente embarcará a las personas a las que apoya en la práctica de dedicar tiempo a la autorreflexión activa[6]. Es desde este lugar de conciencia, de este sentido del yo, desde donde podemos movernos hacia una posición que nos proporcione el nicho o la oportunidad de «comprender», «madurar» o hacer realidad nuestra visión de los objetivos, para trabajar en aras de un propósito claramente identificado.

Las plantas poseen numerosos sensores que les permiten vigilar lo que ocurre a su alrededor y evaluar la disponibilidad de recursos. A partir de ahí, ajustan su crecimiento y desarrollo al entorno exterior mediante la plasticidad fenotípica, que les permite adaptar sus respuestas. Toman decisiones estratégicas sobre la asignación de sus recursos y también inician comportamientos que pueden transformar su hábitat, modificando o incrementando la disponibilidad de recursos.

En las organizaciones humanas, los individuos que cumplen la función de sensores desempeñan un papel clave a la hora de detectar los cambios necesarios, fomentar comportamientos constructivos y facilitar la toma de decisiones estratégicas. Estas personas son capaces de detectar rápidamente cambios en los factores ambientales (por ejemplo, económicos, tecnológicos o competitivos) o socioculturales (por ejemplo, actitudes sociales o ideologías políticas), identificar dónde intervenir y ayudar a otros a poner en práctica estas intervenciones[7].

Las plantas optan por competir o colaborar en función de una serie de factores, realizando una evaluación de los costes energéticos frente al beneficio de un mayor crecimiento y supervivencia. Por ejemplo, una planta tratará de crecer más que su vecina para tener acceso preferente a la luz solar, pero si esta es mucho más grande y es probable que la competición no tenga éxito, la planta frenará su instinto competitivo. Es decir, las plantas solo compiten para mejorar su capacidad de crecimiento y reproducción y si tienen una posibilidad razonable de éxito. Una vez que han conseguido el resultado deseado, dejan de competir y dedican su energía a vivir. En el mundo vegetal, la competición tiene que ver con la supervivencia, no con la emoción de la victoria.

A los humanos nos vendría bien comprender que la competición es una causa noble solo cuando es necesaria para la supervivencia y el desarrollo. Además, una de las mayores lecciones que podemos aprender de las plantas es que trabajar juntos supone fortaleza. Tenemos que deshacernos de nuestra obsesión por el éxito individual y comprender que los retos del entorno —ya sea una oficina, una universidad, un gobierno o una comunidad de vecinos—, se afrontan mejor cuando se persiguen de forma colectiva y colaborativa.

Antes de invertir en una colaboración, las plantas evalúan los costes y los beneficios para determinar si compartir el coste de responder a las señales del entorno y satisfacer sus necesidades les compensará en términos de supervivencia y reproducción. La presencia de plantas emparentadas influye en la decisión de competir o colaborar: varios estudios han demostrado que la colaboración es más probable cuando las plantas vecinas están estrechamente emparentadas. Muchos organismos, incluidas las plantas, entienden que reducir la competición o aumentar la colaboración en presencia de congéneres emparentados tiene importantes repercusiones en la supervivencia y el desarrollo de la especie en su conjunto. Los humanos tenemos una definición relativamente estrecha de parentesco. Además de aquellos con los que estamos biológicamente emparentados, tendemos a incluir como parientes funcionales a aquellos individuos con los que compartimos valores, basándonos en definiciones bastante limitadas de etnia, raza, sexo o estatus socioeconómico. Desde esta perspectiva, elegimos con quién entablar amistad, compartir vecindario y mantener relaciones sociales habituales. Los seres humanos nos relacionamos con personas de orígenes similares en lo que yo considero una forma de parentesco, pero que más a menudo se conoce como homofilia[8]. Creo que ha llegado el momento de replantearnos nuestra forma de entender el parentesco. Un objetivo esencial para una persona que ejerza funciones de liderazgo o tutoría debería ser fomentar un sentimiento de parentesco entre todos los miembros de una comunidad. Sería una forma de facilitar las decisiones estratégicas de asignación de energía en beneficio de la comunidad y no del individuo concreto. Y para ir un paso más allá, haríamos bien, por nuestro propio beneficio y el de nuestro planeta, en extender nuestra comprensión y aplicación del parentesco a todos los que habitan esta tierra.

Las plantas que viven en comunidades con una gran diversidad de especies tienden a desarrollarse mejor y a ser más productivas que las que viven en comunidades menos diversas. Cada especie ocupa un nicho específico en el que despliega una forma y un modo de ser distintos, y juntas aprovechan mejor la luz, los nutrientes y otros recursos.

En los entornos humanos, a menudo defendemos un único camino hacia el éxito en un puesto concreto y nos cuesta preguntar a los demás por sus propias aspiraciones y su visión del desarrollo personal y profesional. Solo aceptando la diversidad de quienes pueden acceder a puestos reconocidos —las experiencias, dones y habilidades únicas de cada individuo— apreciaremos en su plenitud la riqueza de las «flores» únicas que cada uno tiene que ofrecer cuando se le anima a florecer. Aunque todos tenemos un papel que desempeñar en la construcción de una comunidad abierta a la diversidad, la responsabilidad recae principalmente en quienes ocupan posiciones dominantes. Para facilitar los enfoques basados en la equidad, los tutores y líderes deben fomentar la competencia intercultural y la conciencia cultural[9]. Esto presupone que ellos mismos tienen un alto nivel de competencia intercultural[10]. Pero, ¿cómo aumentar la comprensión intercultural y promover una cultura de éxito integradora? En general, los entornos progresistas que adoptan la diversidad cuentan con miembros y líderes muy receptivos a su entorno, que evalúan el medio, identifican las barreras y elaboran planes de cambio. Fomentar y mantener entornos favorables y equitativos es igualmente importante en las organizaciones comunitarias y en los entornos profesionales y académicos[11].

Para promover la diversidad y la equidad, los líderes harían bien en recordar las lecciones del policultivo; el cultivo conjunto de diversas especies vegetales. El sistema de las Tres Hermanas nos muestra cómo se beneficia la comunidad cuando los individuos ofrecen recíprocamente sus habilidades, puntos fuertes y comportamientos específicos. Los seres humanos estamos unidos por relaciones de interdependencia que a menudo tendemos a ignorar. Si queremos resultados más equitativos, haríamos bien en reconocer que todos ganamos cuando se cultivan los talentos individuales y se fomentan las sinergias y colaboraciones.

Sin duda es arriesgado emprender caminos hacia el éxito distintos de los ya conocidos, pero las lecciones de las plantas nos muestran que es aún más arriesgado ignorarlos. Las plantas que no logran su propósito vital —por ejemplo, las anuales que no florecen en el tiempo de que disponen— se arriesgan a perder la oportunidad de florecer y dejar descendencia. Esta oportunidad perdida es perjudicial para el individuo en cuestión, pero también la comunidad vegetal se ve perjudicada por no contar con la contribución de esa planta.

Es probable que nuestra obsesión por fomentar los caminos conocidos nos esté saliendo caro al renunciar a ver las «flores» únicas que cada uno tiene que ofrecer. Nuestras comunidades se enriquecen con la innovación, las nuevas formas de pensar y las aportaciones únicas. Pero acoger esos dones significa abrirse a la creatividad, la inventiva y los enfoques emprendedores, especialmente en los entornos profesionales. Debemos hacer algo más que promover estos enfoques innovadores: debemos reconocerlos y recompensarlos.

Los pioneros, ya sean plantas o seres humanos, deben ser resilientes. Las plantas tienen la capacidad de recuperarse de catástrofes naturales como inundaciones, incendios y huracanes, así como de desastres provocados por el ser humano, como la catástrofe nuclear de Chernóbil. Sin embargo, cuando abogamos por la resiliencia, debemos preguntarnos si las estructuras, las prácticas e incluso el propio tejido de nuestras comunidades, no están exigiendo más resiliencia y perseverancia a los grupos minoritarios y marginados que a los demás[12]. Es esencial tener en cuenta la historia ambiental de los individuos y sus posibles consecuencias para su rendimiento y potencial de crecimiento y transformación. Nuestras instituciones cuentan con un largo historial de exclusión de personas pertenecientes a grupos minoritarios y marginados y de fomento para ellos de actividades más orientadas a las tareas que a la creatividad. Resistir y perseverar en este contexto requiere energía; por lo tanto, los tutores y líderes tienen la responsabilidad de eliminar las barreras estructurales que crean esta desigualdad y afectan de forma diferencial a las capacidades individuales para tener éxito. Aunque la resiliencia es una cualidad a la que todos deberíamos aspirar, también debemos tener en cuenta la equidad del sistema en el que estamos inmersos y examinar detenidamente a quién se le exige resiliencia. Un líder que desee cultivar un entorno que pueda acoger a un amplio abanico de individuos tendrá que ser muy consciente de cómo interactúa cada uno con ese entorno y fomentar los comportamientos transformadores que promuevan el cambio allí donde sea necesario.

En nuestras interacciones con los demás, haríamos bien en aprender de la forma en que cuidamos nuestras plantas. En general, partimos de la base de que la planta tiene la capacidad de crecer y prosperar. Cuando la planta no va bien, cuestionamos las condiciones del entorno (¿tiene suficiente o demasiada luz?) o nuestras propias habilidades (¿qué estoy haciendo mal?). No pensamos de entrada que la planta tiene carencias.

Por desgracia, cuando tratamos con una persona que tiene dificultades, solemos empezar por culparla y preguntarnos por qué no encaja en un entorno determinado. Esta reacción se basa en la suposición de que el fallo está en la persona y no en el entorno. Sin embargo, las plantas nos enseñan lo contrario. Plantas similares pueden reaccionar de forma muy diferente en función de su entorno externo, por ejemplo, si crecen en la oscuridad o en la luz. Para evaluar el potencial de éxito de una persona, debemos examinar tanto las influencias negativas como las positivas de su entorno. Así sabremos identificar mejor qué ajustes o adaptaciones son necesarios para ayudar a quienes tienen dificultades.

También podemos aprovechar las lecciones de las plantas para planificar cambios en el entorno a más largo plazo, por ejemplo, en funciones de gobierno. Puede que necesitemos pioneros para iniciar una línea progresista de agentes de cambio. Estos pioneros crean espacio y mejoran el acceso a los recursos para las siguientes oleadas de líderes, que tendrán otros puntos fuertes. Con demasiada frecuencia, adoptamos un enfoque de talla única del liderazgo, cuando lo que se necesita son líderes con las aptitudes adecuadas para cada momento, especialmente cuando el cambio cultural está en la agenda. Tendemos a dar prioridad a la presencia de larga duración frente a los resultados de larga duración. Puede que un líder pionero permanezca poco tiempo en una organización, pero si consigue abrir espacios, establecer nuevos procesos y mejorar el acceso, sentará las bases para líderes quizás menos innovadores, pero que permanecerán en el puesto más tiempo. Estos líderes que llegan en segundo lugar, junto con las siguientes oleadas de individuos del ecosistema, podrán entonces poner en marcha sistemas capaces de producir recursos sólidos y renovables que garanticen la existencia de la comunidad.

Este tipo de planificación proactiva de la sucesión es importante, sobre todo en tiempos de abundancia, cuando todo parece ir bien. Hay que planificar pronto y a menudo. Esto es lo que hacen las plantas cuando observan lo que es beneficioso para ellas, individual y colectivamente, y controlan sus necesidades energéticas para poder cumplir objetivos importantes como la reproducción. Siguen un plan que les permite repostar y distribuir su energía adecuadamente.

Los seres humanos también debemos actuar en el presente y planificar la sucesión con antelación. La planificación estratégica de la sucesión requiere líderes capaces de actuar en el momento oportuno, al tiempo que anticipan las necesidades futuras y preparan el terreno para sus sucesores. Esto supone ser ágil e identificar a los posibles sucesores con bastante antelación a la necesidad, a fin de planificar la transición. Por desgracia, a menudo se elige o asciende a los líderes para preservar el *statu quo*. Hasta que no empecemos a llevar al poder a líderes que se rijan por los sentidos, ni las personas ni las comunidades alcanzarán todo su potencial.

Los líderes deben desempeñar un papel de «sensores» en su entorno, actuando como administradores de este: deben cuidarlo y cultivarlo como jardineros, no como vigilantes[13]. En este enfoque progresista, los líderes y tutores enseñan a los demás a encontrar su nicho, a evaluar el impacto del entorno en el crecimiento y el comportamiento, a abordar y responder a la competencia, a utilizar su energía para proyectos importante y a identificar los efectos de la historia ambiental en los miembros de la comunidad. En lugar de enseñar tácticas de liderazgo a su sucesor, el líder sabio transmitirá una filosofía y una visión de liderazgo. Esta visión es necesaria para adaptarse a las circunstancias cambiantes, y también puede ayudar al líder a ver oportunidades de colaboración y a valorar los beneficios de las comunidades diversas. Este enfoque contrasta con el tradicional, en el que el líder determina quién obtiene acceso a través de conceptualizaciones y suposiciones sobre quienes considera que podrán funcionar y prosperar en un contexto concreto[14]. Por el contrario, esta forma de liderazgo se rige por los sentidos y se adapta al entorno; atiende a las personas y, al mismo tiempo, mejora los ecosistemas en los que se encuentran. Llamo a esta forma de liderazgo «jardinería», en referencia a lo que sabemos sobre las condiciones de vida necesarias para que las plantas prosperen.

He aprendido mucho de las plantas en las últimas décadas. Les estoy sumamente agradecida. Y espero que llegue el día en que todo el mundo lleve una vida basada en una apreciación adecuada de sus necesidades. Las plantas nos muestran cómo. Todo lo que tenemos que hacer es prestarles atención.

Tómate el tiempo de mirar a tu alrededor. Seguro que hay una planta a la vista. Dependiendo de la época del año o del lugar de la Tierra en el que te encuentres, es posible que veas un plantón, una planta en flor u hojas otoñales de colores brillantes bajo el cielo. Todos estos comportamientos —brotar, florecer y cambiar de color— demuestran que las plantas están en sintonía consigo mismas y con su entorno, adaptándose y ayudando a las demás desde sus lugares: inmóviles, pero dinámicos.

Notas

Introducción

Epígrafe: Robin Wall Kimmerer, *Braiding Sweetgrass: Indigenous Wisdom, Scientific Knowledge and the Teachings of Plants* (Minneapolis, MN: Milkweed Editions, 2013), 9. *Una trenza de hierba sagrada. Saber indígena, conocimiento científico y las enseñanzas de las plantas. Traducción: David Muñoz Mateos. Madrid, Capitán Swing Libros, S.L.,2021.*

1. Hablamos aquí de plantas que se reproducen por semillas. Sin embargo, algunas plantas, como los helechos y algunos musgos, se reproducen por esporas, mientras que otras lo hacen de forma asexual o clonal por propagación vegetativa a partir de tallos, rizomas (tallos subterráneos), bulbos o tubérculos; Simon Lei, «Benefits and Costs of Vegetative and Sexual Reproduction in Perennial Plants: A Review of Literature», *Journal of the Arizona-Nevada Academy of Science* 42 (2010): 9-14.

2. James H. Wandersee, Elisabeth E. Schussler, «Preventing Plant Blindness», *American Biology Teacher* 61, no. 2 (1999): 82-86; James H. Wandersee, Elisabeth E. Schussler, «Toward a Theory of Plant Blindness», *Plant Science Bulletin* 17 (2001): 2-9.

3. Sami Schalk, «Metaphorically Speaking: Ableist Metaphors in Feminist Writing», *Disability Studies Quarterly* 33, no. 4 (2013): 3874.

4. Mung Balding, Kathryn J. H. Williams, «Plant Blindness and the Implications for Plant Conservation», *Conservation Biology* 30 (2016): 1192.

5. Balding, Williams, «Plant Blindness»; Caitlin McDonough MacKenzie, Sara Kuebbing, Rebecca S. Barak, *et al.*, «We Do Not Want to 'Cure Plant Blindness' We Want to Grow Plant Love», *Plants, People, Planet* 1, no. 3 (2019): 139-141. Balding y Williams describen la «ceguera vegetal» como un «prejuicio» contra las plantas. Su análisis me sirvió de inspiración en el uso de la expresión «sesgo vegetal», así como en mi propuesta de que la disminución del sesgo vegetal debería redundar en una mayor concienciación sobre las mismas.

6. Este fenómeno de flexión, conocido como fototropismo, fue señalado en el tratado de Darwin sobre las plantas: Charles Darwin, *The Power of Movement in Plants* (Londres: John Murray, 1880), 449. Está controlado por la hormona auxina y se ha estudiado experimentalmente durante mucho tiempo, incluidos los trabajos relativamente precoces de Briggs y sus colegas: Winslow R. Briggs, Richard D. Tocher, James F. Wilson, «Phototropic Auxin Redistribution in Corn Coleoptiles», *Science* 126, no. 3266 (1957): 210-212.

7. Edward J. Primka, William K. Smith, «Synchrony in Fall Leaf Drop: Chlorophyll Degradation, Color Change, and Abscission Layer Formation in Three Temperate Deciduous Tree Species», *American Journal of Botany* 106, no. 3 (2019): 377-388.

8. Fernando Valladares, Ernesto Gianoli, José M. Gómez, «Ecological Limits to Plant Phenotypic Plasticity», *New Phytologist* 176 (2007): 749-763.

9. El proceso por el cual las señales ambientales son percibidas por los sensores del interior de las células y transmitidas internamente se denomina «transducción de señales»; véase Abdul Razaque Memon, Camil Durakovic, «Signal Perception and Transduction in Plants», *Periodicals of Engineering and Natural Sciences* 2, no. 2 (2014): 15-29; Harry B. Smith, «Constructing Signal Transduction Pathways in *Arabidopsis*», *Plant Cell* 11 (1999): 299-301.

10. Sean S. Duffey, Michael J. Stout, «Antinutritive and Toxic Components of Plant Defense against Insects», *Archives of Insect Biochemistry and Physiology* 32 (1996): 3-37.

11. David C. Baulcombe, Caroline Dean, «Epigenetic Regulation in Plant Responses to the Environment», *Cold Spring Harbor Perspectives in Biology* 6 (2014): a019471; Paul F. Gugger, Sorel Fitz-Gibbon, Matteo Pellegrini, Victoria L. Sork, «Species-wide Patterns of DNA Methylation Variation in

Quercus lobata and Their Association with Climate Gradients», *Molecular Ecology* 25, no. 8 (2016): 1665-1680; Sonia E. Sultan, «Developmental Plasticity: Re-conceiving the Genotype», *Interface Focus* 7, no. 5 (2017): 20170009.

12. Se cree que las plantas heliotrópicas, las que siguen la trayectoria del sol, giran sus hojas y flores en la dirección del sol para maximizar su exposición a la luz solar o para fomentar las visitas de los polinizadores. Véase M. P. M. Dicker, J. M. Rossiter, I. P. Bond, P. M. Weaver, «Biomimetic Photo-actuation: Sensing, Control and Actuation in Sun Tracking Plants», *Bioinspiration & Biomimetics* 9 (2014): 036015; Hagop S. Atamian, Nicky M. Creux, Evan A. Brown, *et al.*, «Circadian Regulation of Sunflower Heliotropism, Floral Orientation, and Pollinator Visits», *Science* 353, no. 6299 (2016): 587-590; Joshua P. Vandenbrink, Evan A. Brown, Stacey L. Harmer, Benjamin K. Blackman, «Turning Heads: The Biology of Solar Tracking in Sunflower», *Plant Science* 224 (2014): 20-26.

13. Angela Hodge, «Root Decisions», *Plant, Cell & Environment* 32, no. 6 (2009): 628-640; Efrat Dener, Alex Kacelnik, Hagai Shemesh, «Pea Plants Show Risk Sensitivity», *Current Biology* 26, no. 12 (2016): 1-5.

14. Jason D. Fridley, «Plant Energetics and the Synthesis of Population and Ecosystem Ecology», *Journal of Ecology* 105 (2017): 95-110.

15. Monica Gagliano, Michael Renton, Martial Depczynski, Stefano Mancuso, «Experience Teaches Plants to Learn Faster and Forget Slower in Environments Where It Matters», *Oecologia* 175, no. 1 (2014): 63-72; Monica Gagliano, Charles I. Abramson, Martial Depczynski, «Plants Learn and Remember: Lets Get Used to It», *Oecologia* 186, no. 1 (2018): 29-31.

16. Michael Marder, «Plant Intentionality and the Phenomenological Framework of Plant Intelligence», *Plant Signaling & Behavior* 7, no. 11 (2012): 1365-1372.

17. Marder, «Plant Intentionality».

18. Para partidarios de esta opinión, véase Stefano Mancuso, Alessandra Viola, *Brilliant Green: The Surprising History and Science of Plant Intelligence* (Washington, DC: Island Press, 2015); Paco Calvo, Monica Gagliano, Gustavo M. Souza, Anthony Trewavas, «Plants Are Intelligent, Here's How», *Annals of*

Botany 125, no. 1 (2020): 11-28. Para sus detractores, véase Richard Firn, «Plant Intelligence: An Alternative Point of View», *Annals of Botany* 93, no.4 (2004): 345-351; Daniel Kolitz, «Are Plants Conscious?» *Gizmodo,* May 28, 2018, https://gizmodo.com/areplants-conscious-1826365668; Denyse O'Leary, «Scientists: Plants Are NOT Conscious!» *Mind Matters,* 8 de julio de 2019, https://mindmatters.ai/2019/07/scientists-plants-are-not-conscious/. Para un punto de vista agnóstico, véase Daniel A. Chamowitz, «Plants Are Intelligent-Now What», *Nature Plants* 4 (2018): 622-623. Para una visión general del debate, véase Ephrat Livni, «A Debate over Plant Consciousness Is Forcing Us to Confront the Limitations of the Human Mind», *Quartz,* June 3, 2018, https://qz.com/1294941/a-debate-over-plant-consciousness-isforcing-us-to-confront-the-limitations-of-the-human-mind/.

19. Irwin N. Forseth, Anne F. Innis, «Kudzu (*Pueraria montana*): History, Physiology, and Ecology Combine to Make a Major Ecosystem Threat», *Critical Reviews in Plant Sciences* 23, no. 5 (2004): 401-413.

1. Un entorno cambiante

Epígrafe: Barbara McClintock, quoted in Evelyn Fox Keller, *A Feeling for the Organism: The Life and Work of Barbara McClintock* (New York: W. H. Freeman, 1983), 199-200. *Seducida por lo vivo: vida y obra de Barbara McClintock. Traducción: Carlos Sánchez-Rodrigo. Barcelona, Fontalba, 1984.*

1. Tomoko Shinomura, «Phytochrome Regulation of Seed Germination», *Journal of Plant Research* 110 (1997): 151-161.

2. Ludwik W. Bielczynski, Gert Schansker, Roberta Croce, «Effect of Light Acclimation on the Organization of Photosystem II Super- and Sub-Complexes in *Arabidopsis thaliana*», *Frontiers in Plant Science* 7 (2016): 105; N. Friedland, S. Negi, T. Vinogradova-Shah, *et al.*, «Fine-tuning the Photosynthetic Light Harvesting Apparatus for Improved Photosynthetic Efficiency and Biomass Yield», *Scientific Reports* 9 (2019): 13028; Norman P. A. Huner, Gunnar Öquist, Anastasios Melis, «Photostasis in Plants, Green Algae and Cyanobacteria: The Role of Light Harvesting Antenna Complexes», en *Light-Harvesting Antennas in Photosynthesis,* ed. Beverley Green, William W. Parson (Dordrecht: Springer Netherlands, 2003), 401-421; Beronda L. Montgomery, «Seeing New Light: Recent Insights into the Occurrence and Regulation of Chromatic Acclimation in Cyanobacteria», *Current Opinion in Plant Biology* 37 (2017): 18-23.

3. Tegan Armarego-Marriott, Omar Sandoval Ibañez, Łucja Kowalewska, «Beyond the Darkness: Recent Lessons from Etiolation and De-etiolation Studies», *Journal of Experimental* Botany 71, no 4 (2020): 1215-1225.

4. Beronda L. Montgomery, «Spatiotemporal Phytochrome Signaling during Photomorphogenesis: From Physiology to Molecular Mechanisms and Back», *Frontiers in Plant Science* 7 (2016): 480; Sookyung Oh, Sankalpi N. Warnasooriya, Beronda L. Montgomery, «Downstream Effectors of Light- and Phytochrome- Dependent Regulation of Hypocotyl Elongation in *Arabidopsis thaliana*», *Plant Molecular Biology* 81, no. 6 (2013): 627-640; Sankalpi N. Warnasooriya, Beronda L. Montgomery, «Spatial-Specific Regulation of Root Development by Phytochromes in *Arabidopsis thaliana*», *Plant Signaling & Behavior* 6, no. 12 (2011): 2047-2050.

5. Oh *et al.*, «Downstream Effectors»; Warnasooriya, Montgomery, «Spatial-Specific Regulation».

6. Ariel Novoplansky, «Developmental Plasticity in Plants: Implications of Non-cognitive Behavior», *Evolutionary Ecology* 16, no. 3 (2002): 177-188, 183; Christine M. Palmer, Susan M. Bush, Julin N. Maloof, «Phenotypic and Developmental Plasticity in Plants», *eLS,* Wiley Online Library, publicado el 15 de junio de 2012, doi:10.1002 / 9780470015902.a0002092.pub2.

7. Montgomery, «Spatiotemporal Phytochrome Signaling».

8. Novoplansky, «Developmental Plasticity in Plants»; Stephen C. Stearns, «The Evolutionary Significance of Phenotypic Plasticity: Phenotypic Sources of Variation among Organisms Can Be Described by Developmental Switches and Reaction Norms», *BioScience* 39, no. 7 (1989): 436-445; Palmer *et al.*, «Phenotypic and Developmental Plasticity in Plants».

9. Novoplansky, «Developmental Plasticity in Plants», 179-180.

10. Sin embargo, la capacidad de la planta para modular su rendimiento y sus semillas en condiciones de estrés prolongado sigue siendo limitada. Véase M. W. Adams, «Basis of Yield Component Compensation in Crop Plants with Special Reference to the Field Bean, *Phaseolus vulgaris*», *Crop Science* 7, no. 5 (1967): 505-510.

11. Maaike De Jong, Ottoline Leyser, «Developmental Plasticity in Plants», in *Cold Spring Harbor Symposia on Quantitative Biology,* vol. 77 (Cold Spring

Harbor, NY: Cold Spring Harbor Laboratory Press, 2012), 63-73; Stearns, «The Evolutionary Significance of Phenotypic Plasticity».

12. Kerry L. Metlen, Erik T. Aschehoug, Ragan M. Callaway, «Plant Behavioural Ecology: Dynamic Plasticity in Secondary Metabolites», *Plant, Cell & Environment* 32 (2009): 641-653.

13. Tânia Sousa, Tiago Domingos, J.-C. Poggiale, S. A. L. M. Kooijman, «Dynamic Energy Budget Theory Restores Coherence in Biology», *Philosophical Transactions of the Royal Society B* 365, no. 1557 (2010): 3413-3428.

14. Fritz Geiser, «Conserving Energy during Hibernation», *Journal of Experimental Biology* 219 (2016): 2086-2087.

15. La capacidad de las plantas para cambiar de forma a lo largo de su ciclo vital es la respuesta de crecimiento observable que más las diferencia de los mamíferos, incluidos los humanos. Ottoline Leyser, «The Control of Shoot Branching: An Example of Plant Information Processing», *Plant, Cell & Environment,* 32, no. 6 (2009): 694-703; Metlen *et al.*, «Plant Behavioural Ecology»; Anthony Trewavas, «What Is Plant Behaviour?» *Plant, Cell & Environment* 32 (2009): 606-616.

16. Carl D. Schlichting, «The Evolution of Phenotypic Plasticity in Plants», *Annual Review of Ecology and Systematics* 17, no. 1 (1986): 667-693; Fernando Valladares, Ernesto Gianoli, José M. Gómez, «Ecological Limits to Plant Phenotypic Plasticity», *New Phytologist* 176 (2007): 749-763.

17. El movimiento de los pecíolos para reposicionar las hojas hacia arriba se conoce como «hiponastia» y el proceso inverso como «epinastia»; estos procesos están regulados por hormonas vegetales tales como el etileno y la auxina; Jae Young Kim, Young-Joon Park, June-Hee Lee, Chung-Mo Park, «Developmental Polarity Shapes Thermo-Induced Nastic Movements in Plants», *Plant Signaling & Behavior* 14, no. 8 (2019): 1617609.

18. Sarah Courbier, Ronald Pierik, «Canopy Light Quality Modulates Stress Responses in Plants», *iScience* 22 (2019): 441-452; Diederik H. Keuskamp, Rashmi Sasidharan, Ronald Pierik, «Physiological Regulation and Functional Significance of Shade Avoidance Responses to Neighbors», *Plant Signaling & Behavior* 5, no. 6 (2010): 655662; Hans de Kroon, Eric J. W.

Visser, Heidrun Huber, *et al.*, «A Modular Concept of Plant Foraging Behaviour: The Interplay between Local Responses and Systemic Control», *Plant, Cell & Environment* 32, no. 6 (2009): 704-712.

19. De forma análoga a la hiponasia relacionada con la temperatura, la hiponasia inducida por la luz es el resultado de cambios en la presión de turgencia dentro de las células o del crecimiento diferenciado en la superficie de un órgano vegetal mediado por hormonas, incluyendo el etileno (especialmente para el pecíolo) y la auxina. Véase Joanna K. Polko, Laurentius A. C. J. Voesenek, Anton J. M. Peeters, Ronald Pierik, «Petiole Hyponasty: An Ethylene-Driven, Adaptive Response to Changes in the Environment», *AoB Plants* 2011 (2011): plr031.

20. La supresión de la aparición y el crecimiento de yemas laterales en presencia del tallo central o dominante se conoce como «dominancia apical» y es un fenómeno regulado por hormonas; Leyser, «The Control of Shoot Branching», 695; Francois F. Barbier, Elizabeth A. Dun, Christine A. Beveridge, «Apical Dominance», *Current Biology* 27 (2017): R864-R865.

21. David C. Baulcombe, Caroline Dean, «Epigenetic Regulation in Plant Responses to the Environment», *Cold Spring Harbor Perspectives in Biology* 6 (2014): a019471; Sonia E. Sultan, «Developmental Plasticity: Re-Conceiving the Genotype», *Interface Focus* 7, no. 5 (2017): 20170009.

22. Paul F. Gugger, Sorel Fitz-Gibbon, Matteo Pellegrini, Victoria L. Sork, «Species-Wide Patterns of DNA Methylation Variation in *Quercus lobata* and Their Association with Climate Gradients», *Molecular Ecology* 25, no. 8 (2016): 1665-1680.

23. Quinn M. Sorenson, Ellen I. Damschen, «The Mechanisms Affecting Seedling Establishment in Restored Savanna Understories Are Seasonally Dependent», *Journal of Applied Ecology* 56, no. 5 (2019): 1140-1151.

24. Angela Hodge, «Plastic Plants and Patchy Soils», *Journal of Experimental Botany* 57, no. 2 (2006): 401-411.

25. Angela Hodge, David Robinson, Alastair Fitter, «Are Microorganisms More Effective than Plants at Competing for Nitrogen?» *Trends in Plant Science* 5, no. 7 (2000): 304-308; Ronald Pierik, Liesje Mommer, Laurentius A. C. J. Voesenek, «Molecular Mechanisms of Plant Competition: Neighbour

Detection and Response Strategies», *Functional Ecology* 27, no. 4 (2013): 841-853.

26. Sultan, «Developmental Plasticity», 3; Brian G. Forde, Pia Walch-Liu, «Nitrate and Glutamate as Environmental Cues for Behavioural Responses in Plant Roots», *Plant, Cell & Environment*, 32, no. 6 (2009): 682-693.

27. Hagai Shemesh, Ran Rosen, Gil Eshel, Ariel Novoplansky, Ofer Ovadia, «The Effect of Steepness of Temporal Resource Gradients on Spatial Root Allocation», *Plant Signaling & Behavior* 6, no. 9 (2011): 1356-1360.

28. Jocelyn E. Malamy, Katherine S. Ryan, «Environmental Regulation of Lateral Root Initiation in *Arabidopsis*», *Plant Physiology* 127, no. 3 (2001): 899; Hidehiro Fukaki, Masao Tasaka, «Hormone Interactions during Lateral Root Formation», *Plant Molecular Biology* 69, no. 4 (2009): 437-449.

29. Xucan Jia, Peng Liu, Jonathan P. Lynch, «Greater Lateral Root Branching Density in Maize Improves Phosphorus Acquisition for Low Phosphorus Soil», *Journal of Experimental Botany* 69, no. 20 (2018): 4961-4970; Angela Hodge, «Root Decisions», *Plant, Cell & Environment* 32 (2009): 628-640; Angela Hodge, «The Plastic Plant: Root Responses to Heterogeneous Supplies of Nutrients», *New Phytologist* 162 (2004): 9-24.

30. Xue-Yan Liu, Keisuke Koba, Akiko Makabe, Cong-Qiang Liu, «Nitrate Dynamics in Natural Plants: Insights Based on the Concentration and Natural Isotope Abundances of Tissue Nitrate», *Frontiers in Plant Science* 5 (2014): 355; Leyser, «The Control of Shoot Branching», 699.

31. Hagai Shemesh, Adi Arbiv, Mordechai Gersani, Ofer Ovadia, Ariel Novoplansky, «The Effects of Nutrient Dynamics on Root Patch Choice», *PLOS One* 5, no. 5 (2010): e10824; M. Gersani, Z. Abramsky, O. Falik, «Density-Dependent Habitat Selection in Plants», *Evolutionary Ecology* 12, no. 2 (1998): 223-234; Jia, Liu, and Lynch, «Greater Lateral Root Branching Density in Maize».

32. Beronda L. Montgomery, «Processing and Proceeding», Beronda L. Montgomery website, 3 de mayo de 2020, http://www.berondamontgomery.com/writing/processing-and-proceeding/.

2. Amigo o enemigo

Epígrafe: Masaru Emoto, *The Hidden Messages in Water,* trans. David A. Thayne (Hillsboro, OR: Beyond Words Publishing, 2004), 46. *Los mensajes ocultos del agua. Alamah, 2005.*

1. Patricia Hornitschek, Séverine Lorrain, Vincent Zoete, *et al.,* «Inhibition of the Shade Avoidance Response by Formation of Non-DNA Binding bHLH Heterodimers», *EMBO Journal* 28, no. 24 (2009): 3893-3902; Ronald Pierik, Liesje Mommer, Laurentius A. C. J. Voesenek, «Molecular Mechanisms of Plant Competition: Neighbour Detection and Response Strategies», *Functional Ecology* 27, no. 4 (2013): 841-853; Céline Sorin, Mercè Salla-Martret, Jordi Bou-Torrent, *et al.,* «ATHB4, a Regulator of Shade Avoidance, Modulates Hormone Response in *Arabidopsis* Seedlings», *Plant Journal* 59, no. 2 (2009): 266-277.

2. Adrian G. Dyer, «The Mysterious Cognitive Abilities of Bees: Why Models of Visual Processing Need to Consider Experience and Individual Differences in Animal Performance», *Journal of Experimental Biology* 215, no. 3 (2012): 387-395.

3. Richard Karban, John L. Orrock, «A Judgment and Decision-Making Model for Plant Behavior», *Ecology* 99, no. 9 (2018): 1909-1919; Dimitrios Michmizos, Zoe Hilioti, «A Roadmap towards a Functional Paradigm for Learning and Memory in Plants», *Journal of Plant Physiology* 232 (2019): 209-215.

4. Mieke de Wit, Wouter Kegge, Jochem B. Evers, *et al.,* «Plant Neighbor Detection through Touching Leaf Tips Precedes Phytochrome Signals», *Proceedings of the National Academy of Sciences of the United States of America* 109, no. 36 (2012): 14705-14710.

5. Monica Gagliano, «Seeing Green: The Rediscovery of Plants and Nature's Wisdom», *Societies* 3, no. 1 (2013): 14/-157.

6. Richard Karban, Kaori Shiojiri, «Self-Recognition Affects Plant Communication and Defense», *Ecology Letters* 12, no. 6 (2009): 502-506; Richard Karban, Kaori Shiojiri, Satomi Ishizaki, *et al.,* «Kin Recognition Affects Plant Communication and Defence», *Proceedings of the Royal Society B* 280 (2013): 20123062.

7. Amitabha Das, Sook-Hee Lee, Tae Kyung Hyun, *et al.*, «Plant Volatiles as Method of Communication», *Plant Biotechnology Reports* 7, no. 1 (2013): 9-26.

8. Donald F. Cipollini, Jack C. Schultz, «Exploring Cost Constraints on Stem Elongation in Plants Using Phenotypic Manipulation», *American Naturalist* 153, no. 2 (1999): 236-242.

9. Jonathan P. Lynch, «Root Phenes for Enhanced Soil Exploration and Phosphorus Acquisition: Tools for Future Crops», *Plant Physiology* 156, no. 3 (2011): 1041-1049.

10. Ariel Novoplansky, «Picking Battles Wisely: Plant Behaviour under Competition», *Plant, Cell and Environment* 32, no. 6 (2009): 726-741.

11. Michal Gruntman, Dorothee Groß, Maria Májeková, Katja Tielbörger, «Decision-Making in Plants under Competition», *Nature Communications* 8 (2017): 2235.

12. Los cambios en la distribución de la energía que se producen cuando una planta está a la sombra se deben a una serie de hormonas, entre ellas las auxinas, que contribuyen al crecimiento diferenciado, y las citoquininas, que detienen el desarrollo de las hojas con el fin de liberar recursos energéticos para el crecimiento del tallo y el pecíolo. El etileno y los brasinoesteroides promueven el alargamiento del pecíolo bajo la sombra en algunas plantas, mientras que el ácido abscísico inhibe la ramificación. Véase Diederik H. Keuskamp, Rashmi Sasidharan, Ronald Pierik, «Physiological Regulation and Functional Significance of Shade Avoidance Responses to Neighbors», *Plant Signaling & Behavior* 5, no. 6 (2010): 655-662; Pierik *et al.*, «Molecular Mechanisms of Plant Competition»; Chuanwei Yang, Lin Li, «Hormonal Regulation in Shade Avoidance», *Frontiers in Plant Science* 8 (2017): 1527.

13. Irma Roig-Villanova, Jaime Martínez-García, «Plant Responses to Vegetation Proximity: A Whole Life Avoiding Shade», *Frontiers in Plant Science* 7 (2016): 236; Kasper van Gelderen, Chiakai Kang, Richard Paalman, *et al.*, «Far-Red Light Detection in the Shoot Regulates Lateral Root Development through the HY5 Transcription Factor», *Plant Cell* 30, no. 1 (2018): 101-116.

14. Jelmer Weijschedé, Jana Martínková, Hans de Kroon, Heidrun Huber, «Shade Avoidance in *Trifolium repens:* Costs and Benefits of Plasticity in Petiole Length and Leaf Size», *New Phytologist* 172 (2006): 655-666.

15. M. Franco, «The Influence of Neighbours on the Growth of Modular Organisms with an Example from Trees», *Philosophical Transactions of the Royal Society of London. B, Biological Sciences* 313, no. 1159 (1986): 209-225.

16. Andreas Möglich, Xiaojing Yang, Rebecca A. Ayers, Keith Moffat, «Structure and Function of Plant Photoreceptors», *Annual Review of Plant Biology* 61 (2010): 21-47; Inyup Paik and Enamul Huq, «Plant Photoreceptors: Multifunctional Sensory Proteins and Their Signaling Networks», *Seminars in Cell & Developmental Biology* 92 (2019): 114-121.

17. Gruntman *et al.*, «Decision-Making». Entre las hormonas vegetales implicadas en este proceso se encuentran la auxina, las giberelinas y el etileno, este último muy conocido por su papel en la maduración de plátanos y manzanas. Véase Lin Ma, Gang Li, «Auxin-Dependent Cell Elongation during the Shade Avoidance Response», *Frontiers in Plant Science* 10 (2019): 914 y Ronald Pierik, Eric J.W. Visser, Hans de Kroon, Laurentius A. C. J. Voesenek, «Ethylene is Required in Tobacco to Successfully Compete with Proximate Neighbours», *Plant, Cell & Environment* 26, no. 8 (2003): 1229-1234.

18. Por lo general, se asume que el altruismo entre parientes tiene por objeto aumentar la posibilidad de transmitir los genes propios. Sin embargo, es posibilidad creciente de transmitir genes específicos, denominados «genes de la supervivencia» o «genes del altruismo», lo que induce la selección de parentesco, en lugar de un flujo genético masivo que incluiría muchos genes que no tienen ningún impacto en la supervivencia; Justin H. Park, «Persistent Misunderstandings of Inclusive Fitness and Kin Selection: Their Ubiquitous Appearance in Social Psychology Textbooks», *Evolutionary Psychology* 5, no. 4 (2007): 860-873.

19. Guillermo P. Murphy, Susan A. Dudley, «Kin Recognition: Competition and Cooperation in *Impatiens* (Balsaminaceae)», *American Journal of Botany* 96, no. 11 (2009): 1990-1996.

20. María A. Crepy, Jorge J. Casal, «Photoreceptor-Mediated Kin Recognition in Plants», *New Phytologist* 205, no. 1 (2015): 329-338; Murphy, Dudley, «Kin Recognition».

21. Heather Fish, Victor J. Lieffers, Uldis Silins, Ronald J. Hall, «Crown Shyness in Lodgepole Pine Stands of Varying Stand Height, Density, and Site Index in the Upper Foothills of Alberta», *Canadian Journal of Forest Research* 36, no. 9 (2006): 2104-2111; Francis E. Putz, Geoffrey G. Parker, Ruth M. Archibald, «Mechanical Abrasion and Intercrown Spacing», *American Midland Naturalist* 112, no. 1 (1984): 24-28.

22. Franco, «The Influence of Neighbours on the Growth of Modular Organisms»; Alan J. Rebertus, «Crown Shyness in a Tropical Cloud Forest», *Biotropica* vol. 20, no. 4 (1988): 338-339.

23. Tomáš Herben, Ariel Novoplansky, «Fight or Flight: Plastic Behavior under Self-Generated Heterogeneity», *Evolutionary Ecology* 24, no. 6 (2010): 1521-1536.

24. Mieke de Wit, Gavin M. George, Yetkin Çaka Ince, *et al.*, «Changes in Resource Partitioning Between and Within Organs Support Growth Adjustment to Neighbor Proximity in *Brassicaceae* Seedlings», *Proceedings of the National Academy of Sciences of the United States of America* 115, no. 42 (2018): E9953-E9961; Charlotte M. M. Gommers, Sara Buti, Danuše Tarkowská, *et al.*, «Organ-Specific Phytohormone Synthesis in Two *Geranium* Species with Antithetical Responses to Far-red Light Enrichment», *Plant Direct* 2 (2018): 1-12; Yang and Li, «Hormonal Regulation in Shade Avoidance».

25. S. Mathur, L. Jain, A. Jajoo, «Photosynthetic Efficiency in Sun and Shade Plants», *Photosynthetica* 56, no. 1 (2018): 354-365.

26. Crepy, Casal, «Photoreceptor-Mediated Kin Recognition»; Gruntman *et al.*, «Decision-making».

27. Robert Axelrod, William D. Hamilton, «The Evolution of Cooperation», *Science* 211, no. 4489 (1981):1390-1396.

28. Joseph M. Craine, Ray Dybzinski, «Mechanisms of Plant Competition for Nutrients, Water and Light», *Functional Ecology* 27, no. 4 (2013): 833-840; M. Gersani, Z. Abramsky, O. Falik, «Density-Dependent Habitat Selection in Plants», *Evolutionary Ecology* 12, no. 2 (1998): 223-234.

29. H. Marschner, V. Römheld, «Strategies of Plants for Acquisition of Iron», *Plant and Soil* 165, no. 2 (1994): 261-274; Ricardo F. H. Giehl, Nicolaus von Wirén, «Root Nutrient Foraging», *Plant Physiology* 166, no. 2 (2014): 509-

517; Daniel P. Schachtman, Robert J. Reid, Sarah M. Ayling, «Phosphorus Uptake by Plants: From Soil to Cell», *Plant Physiology* 116, no. 2 (1998): 447-453.

30. Felix D. Dakora, Donald A. Phillips, «Root Exudates as Mediators of Mineral Acquisition in Low- nutrient Environments», *Plant and Soil* 245 (2002): 35-47; Jordan Vacheron, Guilhem Desbrosses, Marie- Lara Bouffaud, *et al.*, «Plant Growth-promoting Rhizobacteria and Root System Functioning», *Frontiers in Plant Science* 4 (2013): 356.

31. H. Jochen Schenk, «Root Competition: Beyond Resource Depletion», *Journal of Ecology* 94, no. 4 (2006): 725-739.

32. Susan A. Dudley, Amanda L. File, «Kin Recognition in an Annual Plant», *Biology Letters* 3, no. 4 (2007): 435-438. Estas respuestas se asocian a menudo con la rivalidad que se ve afectada por la «regla de coincidencia de entrada» (*input-matching rule*), según la cual la cantidad de recursos disponibles, o entrada de energía, influye en el comportamiento, que puede adaptarse en función de si los competidores presentes son parientes o no. Véase Geoffrey A. Parker, «Searching for Mates», en *Behavioural Ecology: An Evolutionary Approach,* ed. John R. Krebs, Nicholas B. Davies (Oxford: Blackwell Scientific, 1978), 214-244.

33. Meredith L. Biedrzycki, Tafari A. Jilany, Susan A. Dudley, Harsh P. Bais, «Root Exudates Mediate Kin Recognition in Plants», *Communicative and Integrative Biology* 3, no. 1 (2010): 28-35.

34. Richard Karban, Louie H. Yang, Kyle F. Edwards, «Volatile Communication between Plants That Affects Herbivory: A Meta-Analysis», *Ecology Letters* 17, no. 1 (2014): 44-52.

35. Justin B. Runyon, Mark C. Mescher, Consuelo M. De Moraes, «Volatile Chemical Cues Guide Host Location and Host Selection by Parasitic Plants», *Science* 313, no. 5795 (2006): 1964-1967.

36. Kathleen L Farquharson, «A Sesquiterpene Distress Signal Transmitted by Maize», *Plant Cell* 20, no. 2 (2008): 244; Pierik *et al.*, «Molecular Mechanisms of Plant Competition», 844.

37. Robin Wall Kimmerer, *Braiding Sweetgrass: Indigenous Wisdom, Scientific Knowledge and the Teachings of Plants* (Minneapolis, MN: Milkweed

Editions, 2015), 133; Janet I. Sprent, «Global Distribution of Legumes», en *Legume Nodulation: A Global Perspective* (Oxford: Wiley-Blackwell, 2009), 35-50; Jungwook Yang, Joseph W. Kloepper, Choong-Min Ryu, «Rhizosphere Bacteria Help Plants Tolerate Abiotic Stress», *Trends in Plant Science* 14, no. 1 (2009): 1-4; Sally E. Smith, David Read, «Introduction», en *Mycorrhizal Symbiosis,* 3ª ed. (Londres: Academic Press, 2008), 1-9.

38. Yina Jiang, Wanxiao Wang, Qiujin Xie, *et al.*, «Plants Transfer Lipids to Sustain Colonization by Mutualistic Mycorrhizal and Parasitic Fungi», *Science* 356, no. 6343 (2017): 1172-1175; Andreas Keymer, Priya Pimprikar, Vera Wewer, *et al.*, «Lipid Transfer From Plants to Arbuscular Mycorrhiza Fungi», *eLIFE* 6 (2017): e29107; Leonie H. Luginbuehl, Guillaume N. Menard, Smita Kurup, *et al.*, «Fatty Acids in Arbuscular Mycorrhizal Fungi Are Synthesized by the Host Plant», *Science* 356, no. 6343 (2017): 1175-1178; Tamir Klein, Rolf T. W. Siegwolf, Christian Körner, «Belowground Carbon Trade among Tall Trees in a Temperate Forest», *Science* 352, no. 6283 (2016): 342-344.

39. Mathilde Malbreil, Emilie Tisserant, Francis Martin, Christophe Roux, «Genomics of Arbuscular Mycorrhizal Fungi: Out of the Shadows», *Advances in Botanical Research* 70 (2014): 259-290.

40. Zdenka Babikova, Lucy Gilbert, Toby J. A. Bruce, *et al.*, «Underground Signals Carried through Common Mycelial Networks Warn Neighbouring Plants of Aphid Attack», *Ecology Letters* 16, no. 7 (2013): 835-843.

41. Amanda L. File, John Klironomos, Hafiz Maherali, Susan A. Dudley, «Plant Kin Recognition Enhances Abundance of Symbiotic Microbial Partner», *PLOS One* 7, no. 9 (2012): e45648.

42. Angela Hodge, «Root Decisions», *Plant, Cell & Environment* 32 (2009): 628-640.

43. Tereza Konvalinková, Jan Jansa, «Lights Off for Arbuscular Mycorrhiza: On Its Symbiotic Functioning under Light Deprivation», *Frontiers in Plant Science* 7 (2016): 782.

44. Abeer Hashem, Elsayed F. Abd_Allah, Abdulaziz A. Alqarawi, *et al.*, «The Interaction between Arbuscular Mycorrhizal Fungi and Endophytic Bacteria Enhances Plant Growth of *Acacia gerrardii* under Salt Stress», *Frontiers in Microbiology* 7 (2016): 1089.

45. Pedro M. Antunes, Amarilis De Varennes, Istvan Rajcan, Michael J. Goss, «Accumulation of Specific Flavonoids in Soybean (*Glycine max* (L.) Merr.) as a Function of the Early Tripartite Symbiosis with Arbuscular Mycorrhizal Fungi and *Bradyrhizobium japonicum* (Kirchner) Jordan», *Soil Biology and Biochemistry* 38, no. 6 (2006): 1234-1242; Sajid Mahmood Nadeem, Maqshoof Ahmad, Zahir Ahmad Zahir, *et al.*, «The Role of Mycorrhizae and Plant Growth Promoting Rhizobacteria (PGPR) in Improving Crop Productivity under Stressful Environments», *Biotechnology Advances* 32, no. 2 (2014): 429-448.

46. Pueden encontrarse descripciones de casos individuales de éxito en Joseph A. Whittaker, Beronda L. Montgomery, «Cultivating Diversity and Competency in STEM: Challenges and Remedies for Removing Virtual Barriers to Constructing Diverse Higher Education Communities of Success», *Journal of Undergraduate Neuroscience Education* 11, no. 1 (2012): A44-A51; Beronda L. Montgomery, Jualynne E. Dodson, Sonya M. Johnson, «Guiding the Way: Mentoring Graduate Students and Junior Faculty for Sustainable Academic Careers», *SAGE Open* 4, no. 4 (2014): doi: 10.1177 / 2158244014558043.

47. Patricia Matthew, ed., *Written / Unwritten: Diversity and the Hidden Truths of Tenure*. (Chapel Hill: University of North Carolina Press, 2016).

3. Arriesgarse para ganar

Epígrafe: Hope Jahren, *Lab Girl* (New York: Knopf, 2016), 52. *La memoria secreta de las hojas. Traducción: María José Viejo Pérez e Ignacio Villaró Gumpert. Barcelona, Espasa Libros, S.L.U., 2017.*

1. Janice Friedman, Matthew J. Rubin, «All in Good Time: Understanding Annual and Perennial Strategies in Plants», *American Journal of Botany* 102, no. 4 (2015): 497-499.

2. Corrine Duncan, Nick L. Schultz, Megan K. Good, *et al.*, «The Risk-Takers and -Avoiders: Germination Sensitivity to Water Stress in an Arid Zone with Unpredictable Rainfall», *AoB Plants* 11, no. (2019): plz066.

3. Thomas Caraco, Steven Martindale, Thomas S. Whittam, «An Empirical Demonstration of Risk-Sensitive Foraging Preferences», *Animal Behaviour* 28, no. 3 (1980): 820-830; Hiromu Ito, «Risk Sensitivity of a Forager with

Limited Energy Reserves in Stochastic Environments», *Ecological Research* 34, no. 1 (2019): 9-17; Alex Kacelnik, Melissa Bateson, «Risk-sensitivity: Crossroads for Theories of Decision-making», *Trends in Cognitive Sciences* 1, no. 8 (1997): 304-309.

4. Richard Karban, John L. Orrock, Evan L. Preisser, Andrew Sih, «A Comparison of Plants and Animals in Their Responses to Risk of Consumption», *Current Opinion in Plant Biology* 32 (2016): 1-8.

5. Efrat Dener, Alex Kacelnik, Hagai Shemesh, «Pea Plants Show Risk Sensitivity», *Current Biology* 26, no. 13 (2016): 1763-1767; Hagai Shemesh, Adi Arbiv, Mordechai Gersani, *et al.*, «The Effects of Nutrient Dynamics on Root Patch Choice», *PLOS One* 5, no. 5 (2010): e10824.

6. Hagai Shemesh, Ran Rosen, Gil Eshel, *et al.*, «The Effect of Steepness of Temporal Resource Gradients on Spatial Root Allocation», *Plant Signaling & Behavior* 6, no. 9 (2011): 1356-1360.

7. Shemesh *et al.*, «The Effects of Nutrient Dynamics»; Hagai Shemesh, Ariel Novoplansky, «Branching the Risks: Architectural Plasticity and Bethedging in Mediterranean Annuals», *Plant Biology* 15, no. 6 (2013): 1001-1012.

8. Enrico Pezzola, Stefano Mancuso, Richard Karban, «Precipitation Affects Plant Communication and Defense», *Ecology* 98, no. 6 (2017): 1693-1699.

9. Omer Falik, Yonat Mordoch, Lydia Quansah, *et al.*, «Rumor Has It . . . : Relay Communication of Stress Cues in Plants», *PLOS One* 6, no. 11 (2011): e23625.

10. Chuanwei Yang, Lin Li, «Hormonal Regulation in Shade Avoidance», *Frontiers in Plant Science* 8 (2017): 1527.

11. Virginia Morell, «Plants Can Gamble», *Science Magazine News,* June 2016, http://www.sciencemag.org/news/2016/06/plants-can-gamble-according-study.

12. Dener, Kacelnik, Shemesh, «Pea Plants Show Risk Sensitivity».

13. Stefan Hörtensteiner, Bernhard Kräutler, «Chlorophyll Breakdown in Higher Plants», *Biochimica et Biophysica Acta (BBA)-Bioenergetics* 1807, no. 8 (2011): 977-988; Hazem M. Kalaji, Wojciech Bąba, Krzysztof Gediga, *et al.*, «Chlorophyll Fluorescence as a Tool for Nutrient Status Identification in

Rapeseed Plants», *Photosynthesis Research* 136, no. 3 (2018): 329-343; Angela Hodge, «Root Decisions», *Plant, Cell & Environment* 32, no. 6 (2009): 630.

14. Hodge, «Root Decisions», 629.

15. Bagmi Pattanaik, Andrea W. U. Busch, Pingsha Hu, Jin Chen, Beronda L. Montgomery, «Responses to Iron Limitation Are Impacted by Light Quality and Regulated by RcaE in the Chromatically Acclimating Cyanobacterium *Fremyella diplosiphon*», *Microbiology* 160, no. 5 (2014): 992-1005; Sigal Shcolnick, Nir Keren, «Metal Homeostasis in Cyanobacteria and Chloroplasts. Balancing Benefits and Risks to the Photosynthetic Apparatus», *Plant Physiology* 141, no. 3 (2006): 805-810.

16. W. L. Lindsay, A. P. Schwab, «The Chemistry of Iron in Soils and Its Availability to Plants», *Journal of Plant Nutrition* 5, no. 4-7 (1982): 821-840.

17. Tristan Lurthy, Cécile Cantat, Christian Jeudy, *et al.*, «Impact of Bacterial Siderophores on Iron Status and Ionome in Pea», *Frontiers in Plant Science* 11 (2020): 730.

18. H. Marschner, V. Römheld, «Strategies of Plants for Acquisition of Iron», *Plant and Soil* 165, no. 2 (1994): 261-274.

19. Lurthy *et al.*, «Impact of Bacterial Siderophores».

20. Chong Wei Jin, Yi Quan Ye, Shao Jian Zheng, «An Underground Tale: Contribution of Microbial Activity to Plant Iron Acquisition via Ecological Processes», *Annals of Botany* 113, no. 1 (2014): 7-18.

21. Shah Jahan Leghari, Niaz Ahmed Wahocho, Ghulam Mustafa Laghari, *et al.*, «Role of Nitrogen for Plant Growth and Development: A Review», *Advances in Environmental Biology* 10, no. 9 (2016): 209-219.

22. Philippe Nacry, Eléonore Bouguyon, Alain Gojon, «Nitrogen Acquisition by Roots: Physiological and Developmental Mechanisms Ensuring Plant Adaptation to a Fluctuating Resource», *Plant and Soil* 370, no. 1-2 (2013): 1-29.

23. Ricardo F. H. Giehl, Nicolaus von Wirén, «Root Nutrient Foraging», *Plant Physiology* 166, no. 2 (2014): 509-517.

24. Las bacterias fijadoras de nitrógeno, tales como *Rhizobia* y *Frankia,* se alojan en nódulos situados en el interior de las raíces de las plantas (normalmente de las leguminosas tales como las judías), mientras que otros organismos fijadores de nitrógeno, como las cianobacterias, pueden alojarse en la superficie externa o dentro de las raíces. Sobre este tema, véase Claudine Franche, Kristina Lindström, Claudine Elmerich, «Nitrogen-Fixing Bacteria Associated with Leguminous and Non-Leguminous Plants», *Plant and Soil* 321, no. 1-2 (2009): 35-59; Florence Mus, Matthew B. Crook, Kevin Garcia, *et al.*, «Symbiotic Nitrogen Fixation and the Challenges to Its Extension to Nonlegumes», *Applied and Environmental Microbiology* 82, no. 13 (2016): 3698-3710; Carole Santi, Didier Bogusz, Claudine Franche, «Biological Nitrogen Fixation in Non-Legume Plants», *Annals of Botany* 111, no. 5 (2013): 743-767.

25. Philippe Hinsinger, «Bioavailability of Soil Inorganic P in the Rhizosphere as Affected by Root-Induced Chemical Changes: A Review», *Plant and Soil* 237 (2001): 173-195.

26. Daniel P. Schachtman, Robert J. Reid, Sarah M. Ayling, «Phosphorus Uptake by Plants: From Soil to Cell», *Plant Physiology* 116, no. 2 (1998): 447-453.

27. Alan E. Richardson, Jonathan P. Lynch, Peter R. Ryan, *et al.*, «Plant and Microbial Strategies to Improve the Phosphorus Efficiency of Agriculture», *Plant and Soil* 349 (2011): 121-156; Schachtman *et al.*, «Phosphorus Uptake by Plants».

28. Carroll P. Vance, Claudia Uhde-Stone, Deborah L. Allan, «Phosphorus Acquisition and Use: Critical Adaptations by Plants for Securing a Nonrenewable Resource», *New Phytologist* 157, no. 3 (2003): 423-447.

29. K. G. Raghothama, «Phosphate Acquisition», *Annual Review of Plant Biology* 50, no. 1 (1999): 665-693; Schachtman *et al.*, «Phosphorus Uptake by Plants»; Marcel Bucher, «Functional Biology of Plant Phosphate Uptake at Root and Mycorrhiza Interfaces», *New Phytologist* 173, no. 1 (2007): 11-26.

30. Martina Friede, Stephan Unger, Christine Hellmann, Wolfram Beyschlag, «Conditions Promoting Mycorrhizal Parasitism Are of Minor Importance for Competitive Interactions in Two Differentially Mycotrophic Species», *Frontiers in Plant Science* 7 (2016): 1465.

31. Eiji Gotoh, Noriyuki Suetsugu, Takeshi Higa, *et al.*, «Palisade Cell Shape Affects the Light-Induced Chloroplast Movements and Leaf Photosynthesis», *Scientific Reports* 8, no. 1 (2018): 1-9; L. A. Ivanova, V. I. P'yankov, «Structural Adaptation of the Leaf Mesophyll to Shading», *Russian Journal of Plant Physiology* 49, no. 3 (2002): 419-431.

32. Los pigmentos fotoprotectores, como las xantófilas y las antocianinas, son más abundantes en las hojas de sol que en las de sombra. La inversión en este tipo de proteínas requiere mucha energía. Véase J. A. Gamon, J. S. Surfus, «Assessing Leaf Pigment Content and Activity with a Reflectometer», *New Phytologist* 143, no. 1 (1999): 105-117; Susan S. Thayer, Olle Björkman, «Leaf Xanthophyll Content and Composition in Sun and Shade Determined by HPLC», *Photosynthesis Research* 23, no. 3 (1990): 331-343.

33. Shemesh, Novoplansky, «Branching the Risks»; Hagai Shemesh, Benjamin Zaitchik, Tania Acuña, Ariel Novoplansky, «Architectural Plasticity in a Mediterranean Winter Annual», *Plant Signaling & Behavior* 7, no. 4 (2012): 492-501.

34. Nir Sade, Alem Gebremedhin, Menachem Moshelion, «Risk-taking Plants: Anisohydric Behavior as a Stress-resistance Trait», *Plant Signaling & Behavior* 7, no. 7 (2012): 767-770.

4. Transformación

Epílogo: Amy Leach, *Things That Are* (Minneapolis, MN: Milkweed Editions, 2012), 40.

1. Eric Wagner, *After the Blast: The Ecological Recovery of Mount St. Helens* (Seattle: University of Washington Press, 2020).

2. Garrett A. Smathers, Dieter Mueller-Dombois, *Invasion and Recovery of Vegetation after a Volcanic Eruption in Hawaii* (Washington, DC: National Park Service, 1974); Gregory H. Aplet, R. Flint Hughes, Peter M. Vitousek, «Ecosystem Development on Hawaiian Lava Flows: Biomass and Species Composition», *Journal of Vegetation Science* 9, no. 1 (1998): 17-26.

3. Leigh B. Lentile, Penelope Morgan, Andrew T. Hudak, *et al.*, «Post-fire Burn Severity and Vegetation Response Following Eight Large Wildfires across the Western United States», *Fire Ecology* 3, no. 1 (2007): 91-108.

4. Lentile *et al.*, «Post-fire Burn Severity»; Diane H. Rachels, Douglas A. Stow, John F. O'Leary, *et al.*, «Chaparral Recovery Following a Major Fire with Variable Burn Conditions», *International Journal of Remote Sensing* 37, no. 16 (2016): 38363857.

5. Para ejemplos, véase A. J. Kayll, C. H. Gimingham, «Vegetative Regeneration of *Calluna vulgaris* after Fire», *Journal of Ecology* 53, no. 3 (1965): 729-734; Nandita Mondal, Raman Sukumar, «Regeneration of Juvenile Woody Plants after Fire in a Seasonally Dry Tropical Forest of Southern India», *Biotropica* 47, no. 3 (2015): 330-338; Stephen J. Pyne, «How Plants Use Fire (and Are Used by It)», *Fire Wars,* Nova online, PBS, junio de 2002, https://www.pbs.org/wgbh/nova/fire/plants.html.

6. Timothy A. Mousseau, Shane M. Welch, Igor Chizhevsky, *et al.*, «Tree Rings Reveal Extent of Exposure to Ionizing Radiation in Scots Pine *Pinus sylvestris», Trees* 27, no. 5 (2013): 1443-1453.

7. Nicholas A. Beresford, E. Marian Scott, David Copplestone, «Field Effects Studies in the Chernobyl Exclusion Zone: Lessons to Be Learnt», *Journal of Environmental Radioactivity* 211 (2020): 105893.

8. Gordon C. Jacoby, Rosanne D. D'Arrigo, «Tree Rings, Carbon Dioxide, and Climatic Change», *Proceedings of the National Academy of Sciences* 94, no. 16 (1997): 8350-8353.

9. Christophe Plomion, Grégoire Leprovost, Alexia Stokes, «Wood Formation in Trees», *Plant Physiology* 127, no. 4 (2001): 1513-1523; Keith Roberts, Maureen C. McCann, «Xylogenesis: The Birth of a Corpse», *Current Opinion in Plant Biology* 3, no. 6 (2000): 517-522.

10. Veronica De Micco, Marco Carrer, Cyrille B. K. Rathgeber, *et al.*, «From Xylogenesis to Tree Rings: Wood Traits to Investigate Tree Response to Environmental Changes», *IAWA Journal* 40, no. 2 (2019): 155-182; Jacoby, D'Arrigo, «Tree Rings».

11. Mousseau *et al.*, «Tree Rings Reveal Extent of Exposure», 1443.

12. Timothy A. Mousseau, Gennadi Milinevsky, Jane Kenney-Hunt, Anders Pape Møller, «Highly Reduced Mass Loss Rates and Increased Litter Layer in Radioactively Contaminated Areas», *Oecologia* 175, no. 1 (2014): 429-437.

13. Igor Kovalchuk, Vladimir Abramov, Igor Pogribny, Olga Kovalchuk, «Molecular Aspects of Plant Adaptation to Life in the Chernobyl Zone», *Plant Physiology* 135, no. 1 (2004): 357-363.

14. Cynthia C. Chang, Benjamin L. Turner, «Ecological Succession in a Changing World», *Journal of Ecology* 107, no. 2 (2019): 503-509; Karel Prach, Lawrence R. Walker, «Differences between Primary and Secondary Plant Succession among Biomes of the World», *Journal of Ecology* 107, no. 2 (2019): 510-516. El menor grado de gravedad en la sucesión secundaria se corresponde con un menor impacto en el entorno que en los individuos. Los incendios forestales devastadores pueden obligar a animales y humanos a emigrar y privarles de su hábitat, lo que obviamente se considerará una perturbación importante.

15. Chang, Turner, «Ecological Succession in a Changing World».

16. Karel Prach, Lawrence R. Walker, «Four Opportunities for Studies of Ecological Succession», *Trends in Ecology & Evolution* 26, no. 3 (2011): 119-123.

17. Prach, Walker, «Four Opportunities for Studies of Ecological Succession», 120.

18. Malcolm J. Zwolinski, «Fire Effects on Vegetation and Succession», en *Proceedings of the Symposium on Effects of Fire Management on Southwestern Natural Resources* (Fort Collins, CO: USDA-Forest Service, 1990), 18-24. La colonización se refiere aquí al proceso biológico de asentamiento de las plantas en un nicho ecológico. Al considerar lo que podemos aprender de las plantas en este contexto, no pretendemos en modo alguno establecer una correlación directa con la colonización humana, que a menudo se asocia con la apropiación de un país y una cultura.

19. I. R. Noble, R. O. Slatyer, «The Use of Vital Attributes to Predict Successional Changes in Plant Communities Subject to Recurrent Disturbances», *Vegetatio* 43, no. 1 / 2 (1980): 5-21; Zwolinski, «Fire Effects on Vegetation and Succession», 22.

20. Joseph H. Connell, Ralph O. Slatyer, «Mechanisms of Succession in Natural Communities and Their Role in Community Stability and Organization», *American Naturalist* 111, no. 982 (1977): 1119-1144.

21. Connell, Slatyer, «Mechanisms of Succession»; Tiffany M. Knight, Jonathan M. Chase, «Ecological Succession: Out of the Ash», *Current Biology* 15, no. 22 (2005): R926-R927.

22. Knight, Chase, «Ecological Succession», R926.

23. Mark E. Ritchie, David Tilman, Johannes M. H. Knops, «Herbivore Effects on Plant and Nitrogen Dynamics in Oak Savanna», *Ecology* 79, no. 1 (1998): 165-177.

24. Peter M. Vitousek, Pamela A. Matson, Keith Van Cleve, «Nitrogen Availability and Nitrification during Succession: Primary, Secondary, and Old-Field Seres», *Plant Soil* 115 (1989): 233; Jonathan J. Halvorson, Eldon H. Franz, Jeffrey L. Smith, R. Alan Black, «Nitrogenase Activity, Nitrogen Fixation, and Nitrogen Inputs by Lupines at Mount St. Helens», *Ecology* 73, no. 1 (1992): 87-98; Henrik Hartmann, Susan Trumbore, «Understanding the Roles of Nonstructural Carbohydrates in Forest Trees-From What We Can Measure to What We Want to Know», *New Phytologist* 211, no. 2 (2016): 386-403; Robin Wall Kimmerer, *Braiding Sweetgrass: Indigenous Wisdom, Scientific Knowledge and the Teachings of Plants* (Minneapolis, MN: Milkweed Editions, 2015), 133; Knight, Chase, «Ecological Succession», R926; Janet I. Sprent, «Global Distributions of Legumes», en *Legume Nodulation: A Global Perspective* (Oxford: Wiley-Blackwell, 2009), 35-50; Jungwook Yang, Joseph W. Kloepper, Choong-Min Ryu, «Rhizosphere Bacteria Help Plants Tolerate Abiotic Stress», *Trends in Plant Science* 14, no. 1 (2009): 1-4.

25. Connell, Slatyer, «Mechanisms of Succession», 1123-1124.

26. Zwolinski, «Fire Effects on Vegetation and Succession», 21.

27. Vitousek *et al.*, «Nitrogen Availability», 233; Eugene F. Kelly, Oliver A. Chadwick, Thomas E. Hilinski, «The Effect of Plants on Mineral Weathering», *Biogeochemistry* 42 (1998): 21-53; Angela Hodge, «Root Decisions», *Plant, Cell & Environment* 32 (2009): 628-640.

28. Julie Sloan Denslow, «Patterns of Plant Species Diversity during Succession under Different Disturbance Regimes», *Oecologia* 46, no. 1 (1980): 18-21.

29. Knight, Chase, «Ecological Succession», R926; Vitousek *et al.*, «Nitrogen Availability», 233.

30. Vitousek *et al.*, «Nitrogen Availability», 230.

31. Connell, Slatyer, «Mechanisms of Succession»; Denslow, «Patterns of Plant Species Diversity».

32. Denslow, «Patterns of Plant Species Diversity», 18.

33. Vitousek *et al.*, «Nitrogen Availability», 230; Zwolinski, «Fire Effects on Vegetation and Succession», 21-22.

34. Las expresiones «diversidad alfa» y «diversidad beta», así como una tercera, «diversidad gamma», fueron empleadas por primera vez por R. H. Whittaker en 1960, en «Vegetation of the Siskiyou Mountains, Oregon and California», *Ecological Monographs* 30 (1960): 279-338. Véase también Christopher M. Swan, Anna Johnson, David J. Nowak, «Differential Organization of Taxonomic and Functional Diversity in an Urban Woody Plant Metacommunity», *Applied Vegetation Science* 20 (2017): 7-17.

35. Swan *et al.*, «Differential Organization», 8.

36. Denslow, «Patterns of Plant Species Diversity», 18.

37. Swan *et al.*, «Differential Organization», 10.

38. Sheikh Rabbi, Matthew K. Tighe, Richard J. Flavel, *et al.*, «Plant Roots Redesign the Rhizosphere to Alter the Three-Dimensional Physical Architecture and Water Dynamics», *New Phytologist* 219, no. 2 (2018): 542-550.

39. Jan K. Schjoerring, Ismail Cakmak, Philip J. White, «Plant Nutrition and Soil Fertility: Synergies for Acquiring Global Green Growth and Sustainable Development», *Plant and Soil* 434 (2019): 1-6; Adnan Noor Shah, Mohsin Tanveer, Babar Shahzad, *et al.*, «Soil Compaction Effects on Soil Health and Crop Productivity: An Overview», *Environmental Science and Pollution Research* 24 (2017): 10056-10067.

40. Rabbi *et al.*, «Plant Roots Redesign», 542; Debbie S. Feeney, John W. Crawford, Tim Daniell, *et al.*, «Three-dimensional Microorganization of the Soil-Root-Microbe System», *Microbial Ecology* 52, no. 1 (2006): 151-158.

41. Kerry L. Metlen, Erik T. Aschehoug, Ragan M. Callaway, «Plant Behavioural Ecology: Dynamic Plasticity in Secondary Metabolites», *Plant, Cell & Environment* 32, no. 6 (2009): 641-653.

42. Rabbi *et al.*, «Plant Roots Redesign», 542; Feeney *et al.*, «Three-dimensional Microorganization».

43. Dayakar V. Badri, Jorge M. Vivanco, «Regulation and Function of Root Exudates», *Plant, Cell & Environment,* 32, no. 6 (2009): 666-681; Metlen, Aschehoug, Callaway, «Plant Behavioural Ecology».

44. Rabbi *et al.*, «Plant Roots Redesign», 543.

45. D. B. Read, A. G. Bengough, P. J. Gregory, *et al.*, «Plant Roots Release Phospholipid Surfactants That Modify the Physical and Chemical Properties of Soil», *New Phytologist* 157, no. 2 (2003): 315-326.

46. Read *et al.*, «Plant Roots Release Phospholipid Surfactants», 316.

47. El ergosterol es un esterol específico de los hongos que se encuentra en sus membranas celulares y tiene por función mantener la permeabilidad de las mismas. Es un biomarcador que suele cuantificarse para evaluar la biomasa de la asociación de hongos micorrícicos con raíces de plantas o muestras de suelo; Yongqiang Zhang, Rajini Rao, «Beyond Ergosterol: Linking pH to Antifungal Mechanisms», *Virulence* 1, no. 6 (2010): 551-554.

48. La glicoproteína glomalina es un compuesto orgánico rico en carbono y nitrógeno producido por los hongos micorrícicos arbusculares. Cuando se libera en la rizosfera, modifica ciertas propiedades del suelo, como la agregación y la capacidad de absorción de agua; Karl Ritz, Iain M. Young, «Interactions between Soil Structure and Fungi», *Mycologist* 18, no. 2 (2004): 52-59; Matthias C. Rillig, Peter D. Steinberg, «Glomalin Production by an Arbuscular Mycorrhizal Fungus: A Mechanism of Habitat Modification?» *Soil Biology and Biochemistry* 34, no. 9 (2002): 1371-1374.

49. Chang, Turner, «Ecological Succession in a Changing World», 506.

50. Lindsay Chaney, Regina S. Baucom, «The Soil Microbial Community Alters Patterns of Selection on Flowering Time and Fitness-related Traits in *Ipomoea purpurea*», *American Journal of Botany* 107, no. 2 (2020): 186-194; Chang, Turner, «Ecological Succession in a Changing World», 503.

51. James D. Bever, Thomas G. Platt, Elise R. Morton, «Microbial Population and Community Dynamics on Plant Roots and Their Feedbacks on Plant Communities», *Annual Review of Microbiology* 66 (2012): 265-283; Tanya E.

Cheeke, Chaoyuan Zheng, Liz Koziol, *et al.*, «Sensitivity to AMF Species Is Greater in Late-Successional Than Early-Successional Native or Nonnative Grassland Plants», *Ecology* 100, no. 12 (2019): e02855; Liz Koziol, James D. Bever, «AMF, Phylogeny, and Succession: Specificity of Response to Mycorrhizal Fungi Increases for Late-Successional Plants», *Ecosphere* 7, no. 11 (2016): e01555; Liz Koziol, James D. Bever, «Mycorrhizal Feedbacks Generate Positive Frequency Dependence Accelerating Grassland Succession», *Journal of Ecology* 107, no. 2 (2019): 622-632.

52. Guillaume Tena, «Seeing the Unseen», *Nature Plants* 5 (2019): 647.

53. David P. Janos, «Mycorrhizae Influence Tropical Succession», *Biotropica* 12, no. 2 (1980): 56.

54. Janos, «Mycorrhizae Influence Tropical Succession», 58; Tereza Konvalinková, Jan Jansa, «Lights Off for Arbuscular Mycorrhiza: On Its Symbiotic Functioning under Light Deprivation», *Frontiers in Plant Science* 7 (2016): 782; Maki Nagata, Naoya Yamamoto, Tamaki Shigeyama, *et al.*, «Red / Far Red Light Controls Arbuscular Mycorrhizal Colonization via Jasmonic Acid and Strigolactone Signaling», *Plant and Cell Physiology* 56, no. 11 (2015): 2100-2109; Maki Nagata, Naoya Yamamoto, Taro Miyamoto, *et al.*, «Enhanced Hyphal Growth of Arbuscular Mycorrhizae by Root Exudates Derived from High R / FR Treated *Lotus japonicas*», *Plant Signaling & Behavior* 11, no. 6 (2016): e1187356.

55. Janos, «Mycorrhizae Influence Tropical Succession», 60.

56. Janos, «Mycorrhizae Influence Tropical Succession», 60.

57. Marzena Ciszak, Diego Comparini, Barbara Mazzolai, *et al.*, «Swarming Behavior in Plant Roots», *PLOS One* 7, no. 1 (2012): e29759; Adrienne Maree Brown, *Emergent Strategy: Shaping Change, Changing Worlds* (Chico, CA: AK Press, 2017), 6.

58. Ciszak *et al.*, «Swarming Behavior».

59. Dale Kaiser, «Bacterial Swarming: A Reexamination of Cell-Movement Patterns», *Current Biology* 17, no. 14 (2007): R561-R570.

60. Brown, *Emergent Strategy,* 12.

61. Ciszak *et al.*, «Swarming Behavior».

62. Peter W. Barlow, Joachim Fisahn, «Swarms, Swarming and Entanglements of Fungal Hyphae and of Plant Roots», *Communicative & Integrative Biology* 6, no. 5 (2013): e25299-1.

63. Ciszak *et al.*, «Swarming Behavior».

64. Barlow, Fisahn, «Swarms, Swarming, and Entanglements».

65. André Geremia Parise, Monica Gagliano, Gustavo Maia Souza, «Extended Cognition in Plants: Is It Possible?» *Plant Signaling & Behavior* 15, no. 2 (2020): 1710661.

66. Sobre los incendios controlados, véase Zwolinski, «Fire Effects on Vegetation and Succession», 18-24.

5. Una comunidad diversa

Epígrafe: Andrea Wulf, *The Invention of Nature: Alexander von Humboldt's New World* (New York: Knopf, 2015), 125. *La invención de la naturaleza. El nuevo mundo de Alexander von Humboldt. Traducción: María Luisa Rodríguez Tapia. Barcelona, Penguin Random House Group Editorial, S.A.U., 2016.*

1. Cynthia C. Chang, Melinda D. Smith, «Resource Availability Modulates Above- and Below- Ground Competitive Interactions between Genotypes of a Dominant C4 Grass», *Functional Ecology* 28, no. 4 (2014): 1041-1051, 1042; David Tilman, *Resource Competition and Community Structure* (Princeton, NJ: Princeton University Press, 1982).

2. Philip O. Adetiloye, «Effect of Plant Populations on the Productivity of Plantain and Cassava Intercropping», *Moor Journal of Agricultural Research* 5, no. 1 (2004): 26-32; Long Li, David Tilman, Hans Lambers, Fu-Suo Zhang, «Plant Diversity and Overyielding: Insights from Belowground Facilitation of Intercropping in Agriculture», *New Phytologist* 203, no. 1 (2014): 63-69; Zhi-Gang Wang, Xin Jin, Xing-Guo Bao, *et al.*, «Intercropping Enhances Productivity and Maintains the Most Soil Fertility Properties Relative to Sole Cropping», *PLOS One* 9 (2014): e113984.

3. Li *et al.*, «Plant Diversity and Overyielding».

4. Venida S. Chenault, «Three Sisters: Lessons of Traditional Story Honored in Assessment and Accreditation», *Tribal College* 19, no. 4 (2008): 15-16;

Robin Wall Kimmerer, *Braiding Sweetgrass: Indigenous Wisdom, Scientific Knowledge and the Teachings of Plants* (Minneapolis, MN: Milkweed Editions, 2015), 132.

5. Kimmerer, *Braiding Sweetgrass,* 128-140; K. Kris Hirst, «The Three Sisters: The Traditional Intercropping Agricultural Method», *ThoughtCo,* May 30, 2019, https://www.thoughtco.com/three-sisters-american-farming-173034.

6. Kimmerer, *Braiding Sweetgrass,* 131.

7. Kimmerer, *Braiding Sweetgrass,* 130.

8. Adetiloye, «Effect of Plant Populations on the Productivity of Plantain and Cassava Intercropping»; P. O. Aiyelari, A. N. Odede, S. O. Agele, «Growth, Yield and Varietal Responses of Cassava to Time of Planting into Plantain Stands in a Plantain / Cassava Intercrop in Akure, South-West Nigeria», *Journal of Agronomy Research* 2, no. 2 (2019): 1-16.

9. Kimmerer, *Braiding Sweetgrass,* 131; Abdul Rashid War, Michael Gabriel Paulraj, Tariq Ahmad, *et al.*, «Mechanisms of Plant Defense against Insect Herbivores», *Plant Signaling & Behavior* 7, no. 10 (2012): 1306-1320.

10. Kimmerer, *Braiding Sweetgrass,* 140.

11. Kimmerer, *Braiding Sweetgrass,* 132.

12. Lindsay Chaney, Regina S. Baucom, «The Soil Microbial Community Alters Patterns of Selection on Flowering Time and Fitness-related Traits in *Ipomoea purpurea*», *American Journal of Botany* 107, no. 2 (2020): 186-194; Jennifer A. Lau, Jay T. Lennon, «Evolutionary Ecology of Plant-Microbe Interactions: Soil Microbial Structure Alters Selection on Plant Traits», *New Phytologist* 192, no. 1 (2011): 215-224; Marcel G. A. Van Der Heijden, Richard D. Bardgett, Nico M. Van Straalen, «The Unseen Majority: Soil Microbes as Drivers of Plant Diversity and Productivity in Terrestrial Ecosystems», *Ecology Letters* 11, no. 3 (2008): 296-310.

13. Kimmerer, *Braiding Sweetgrass,* 133; Catherine Bellini, Daniel I. Pacurar, Irene Perrone, «Adventitious Roots and Lateral Roots: Similarities and Differences», *Annual Review of Plant Biology* 65 (2014): 639-666.

14. Angela Hodge, «The Plastic Plant: Root Responses to Heterogeneous Supplies of Nutrients», *New Phytologist* 162, no. 1 (2004): 9-24.

15. Kimmerer, *Braiding Sweetgrass,* 140.

16. Henrik Hartmann, Susan Trumbore, «Understanding the Roles of Nonstructural Carbohydrates in Forest Trees—From What We Can Measure to What We Want to Know», *New Phytologist* 211, no. 2 (2016): 386-403.

17. Kimmerer, *Braiding Sweetgrass,* 133; Janet I. Sprent, «Global Distribution of Legumes», in *Legume Nodulation: A Global Perspective* (Oxford: Wiley-Blackwell, 2009), 35-50; Jungwook Yang, Joseph W. Kloepper, Choong-Min Ryu, «Rhizosphere Bacteria Help Plants Tolerate Abiotic Stress», *Trends in Plant Science* 14, no. 1 (2009): 1-4.

18. Tamir Klein, Rolf T. W. Siegwolf, Christian Körner, «Belowground Carbon Trade among Tall Trees in a Temperate Forest», *Science* 352, no. 6283 (2016): 342-344.

19. Cyril Zipfel, Silke Robatzek, «Pathogen- Associated Molecular Pattern-Triggered Immunity: *Veni, Vidi . . .* ?» *Plant Physiology* 154, no. 2 (2010): 551-554.

20. Kevin R. Bairos-Novak, Maud C. O. Ferrari, Douglas P. Chivers, «A Novel Alarm Signal in Aquatic Prey: Familiar Minnows Coordinate Group Defences against Predators through Chemical Disturbance Cues», *Journal of Animal Ecology* 88, no. 9 (2019): 1281-1290.

21. Michiel van Breugel, Dylan Craven, Hao Ran Lai, *et al.*, «Soil Nutrients and Dispersal Limitation Shape Compositional Variation in Secondary Tropical Forests across Multiple Scales», *Journal of Ecology* 107, no. 2 (2019): 566-581.

22. Robin Wall Kimmerer, «Weaving Traditional Ecological Knowledge into Biological Education: A Call to Action», *BioScience* 52, no. 5 (2002): 432-438.

23. Chenault, «Three Sisters».

24. Véase Kimmerer, *Braiding Sweetgrass,* 134.

25. Kimmerer, *Braiding Sweetgrass;* Jayalaxshmi Mistry, Andrea Berardi, «Bridging Indigenous and Scientific Knowledge», *Science* 352, no. 6291 (2016): 1274-1275.

26. Robin Wall Kimmerer, «The Intelligence in All Kinds of Life», *On Being with Krista Tippett,* emission original del 25 de febrero de 2016, https://onbeing.org/programs/robin-wall-kimmerer-the-intelligence-in-all-kinds-of-life-jul2018/.

27. Joseph A.Whittaker, Beronda L. Montgomery, «Cultivating Institutional Transformation and Sustainable STEM Diversity in Higher Education through Integrative Faculty Development», *Innovative Higher Education* 39, no. 4 (2014): 263-275.

28. Whittaker, Montgomery, «Cultivating Institutional Transformation».

29. Kimmerer, *Braiding Sweetgrass,* 132.

30. Kimmerer, *Braiding Sweetgrass,* 58.

31. Sobre el papel de las competencias culturales en la creación de colaboraciones fructíferas, véase Stephanie M. Reich, Jennifer A. Reich, «Cultural Competence in Interdisciplinary Collaborations: A Method for Respecting Diversity in Research Partnerships», *American Journal of Community Psychology* 38, no. 1-2 (2006): 51-62.

32. Joseph A. Whittaker, Beronda L. Montgomery, «Cultivating Diversity and Competency in STEM: Challenges and Remedies for Removing Virtual Barriers to Constructing Diverse Higher Education Communities of Success», *Journal of Undergraduate Neuroscience Education* 11, no. 1 (2012): A44-A51; Kim Parker, Rich Morin, Juliana Menasce Horowitz, «Looking to the Future, Public Sees an America in Decline on Many Fronts», Pew Research Center, marzo de 2019, cap. 3, «Views of Demographic Changes», https://www.pewsocialtrends.org/wp-content/uploads/sites/3/2019/03/US-2050_full_report-FINAL.pdf.

6. Un plan de éxito

Epígrafe: Dawna Markova, *I Will Not Die an Unlived Life: Reclaiming Purpose and Passion* (Berkeley, CA: Conari Press, 2000), 1.

1. Cynthia C. Chang, Melinda D. Smith, «Resource Availability Modulates Above- and Below-ground Competitive Interactions between Genotypes of a Dominant C_4 Grass», *Functional Ecology* 28, no. 4 (2014): 1041-1051.

2. Jannice Friedman, Matthew J. Rubin, «All in Good Time: Understanding Annual and Perennial Strategies in Plants», *American Journal of Botany* 102, no. 4 (2015): 497-499.

3. Diederik H. Keuskamp, Rashmi Sasidharan, Ronald Pierik, «Physiological Regulation and Functional Significance of Shade Avoidance Responses to Neighbors», *Plant Signaling & Behavior* 5, no. 6 (2010): 655-662.

4. Katherine M. Warpeha, Beronda L. Montgomery, «Light and Hormone Interactions in the Seed-to-Seedling Transition», *Environmental and Experimental Botany* 121 (2016): 56-65.

5. Lourens Poorter, «Are Species Adapted to Their Regeneration Niche, Adult Niche, or Both?» *American Naturalist* 169, no. 4 (2007): 433-442.

6. Anders Forsman, «Rethinking Phenotypic Plasticity and Its Consequences for Individuals, Populations and Species», *Heredity* 115 (2015): 276-284; Robert Muscarella, María Uriarte, Jimena Forero-Montaña, *et al.*, «Life-history Trade-offs during the Seed-to-Seedling Transition in a Subtropical Wet Forest Community», *Journal of Ecology* 101, no. 1 (2013): 171-182; Warpeha, Montgomery, «Light and Hormone Interactions».

7. Carl Procko, Charisse Michelle Crenshaw, Karin Ljung, *et al.*, «Cotyledon-generated Auxin Is Required for Shade-induced Hypocotyl Growth in *Brassica rapa*», *Plant Physiology* 165, no. 3 (2014): 1285-1301; Chuanwei Yang, Lin Li, «Hormonal Regulation in Shade Avoidance», *Frontiers in Plant Science* 8 (2017): 1527.

8. Taylor S. Feild, David W. Lee, N. Michele Holbrook, «Why Leaves Turn Red in Autumn. The Role of Anthocyanins in Senescing Leaves of Red-Osier Dogwood», *Plant Physiology* 127, no. 2 (2001): 566-574; Bertold Mariën, Manuela Balzarolo, Inge Dox, *et al.*, «Detecting the Onset of Autumn Leaf Senescence in Deciduous Forest Trees of the Temperate Zone», *New Phytologist* 224, no. 1 (2019): 166-176; Edward J. Primka, William K. Smith, «Synchrony in Fall Leaf Drop: Chlorophyll Degradation, Color Change, and Abscission Layer Formation in Three Temperate Deciduous Tree Species», *American Journal of Botany* 106, no. 3 (2019): 377-388.

9. Algunos de los pigmentos de colores brillantes se acumularon antes del otoño. Sin embargo, la planta parece estar destinando energía a sintetizar

más antocianinas en un momento en el que parecería prudente limitar el gasto de energía en la producción de nuevos compuestos debido a su papel en la protección de las células vegetales frente a la fototoxicidad durante la desverdización; Feild *et al.*, «Why Leaves Turn Red in Autumn»; Primka, Smith, «Synchrony in Fall Leaf Drop».

10. Monika A. Gorzelak, Amanda K. Asay, Brian J. Pickles, Suzanne W. Simard, «Interplant Communication through Mycorrhizal Networks Mediates Complex Adaptive Behaviour in Plant Communities», *AoB Plants* 7 (2015): plv050.

11. Gorzelak *et al.*, «Interplant Communication through Mycorrhizal»; David Robinson, Alastair Fitter, «The Magnitude and Control of Carbon Transfer between Plants Linked by a Common Mycorrhizal Network», *Journal of Experimental Botany* 50, no. 330 (1999): 9-13.

12. David P. Janos, «Mycorrhizae Influence Tropical Succession», *Biotropica* 12, no. 2 (1980): 56-64; Leanne Philip, Suzanne Simard, Melanie Jones, «Pathways for Below-ground Carbon Transfer between Paper Birch and Douglas-fir Seedlings», *Plant Ecology & Diversity* 3, no. 3 (2010): 221-233.

13. Tamir Klein, Rolf T. W. Siegwolf, Christian Körner, «Belowground Carbon Trade among Tall Trees in a Temperate Forest», *Science* 352, no. 6283 (2016): 342-344.

14. Peng-Jun Zhang, Jia-Ning Wei, Chan Zhao, *et al.*, «Airborne Host-Plant Manipulation by Whiteflies via an Inducible Blend of Plant Volatiles», *Proceedings of the National Academy of Sciences* 116, no. 15 (2019): 7387-7396.

15. Sarah Courbier, Ronald Pierik, «Canopy Light Quality Modulates Stress Responses in Plants», *iScience* 22 (2019): 441-452.

16. Scott Hayes, Chrysoula K. Pantazopoulou, Kasper van Gelderen, *et al.*, «Soil Salinity Limits Plant Shade Avoidance», *Current Biology* 29, no. 10 (2019): 1669-1676; Wouter Kegge, Berhane T. Weldegergis, Roxina Soler, *et al.*, «Canopy Light Cues Affect Emission of Constitutive and Methyl Jasmonate-induced Volatile Organic Compounds in *Arabidopsis thaliana*», *New Phytologist* 200, no. 3 (2013): 861-874.

17. Beronda L. Montgomery, «Planting Equity: Using What We Know to Cultivate Growth as a Plant Biology Community», *Plant Cell* 32, no. 11 (2020): 3372-3375.

18. Utilizo aquí el término «minoritario» para referirme a individuos o grupos que «como resultado de determinadas construcciones sociales tienen menos poder o están menos representados que otros miembros o grupos de la sociedad»; el término «minoría» puede significar simplemente ser superado en número sin referirse a una estructura vinculada a una historia de opresión, exclusión u otras injusticias. Véase I. E. Smith, «Minority vs. Minoritized: Why the Noun Just Doesn't Cut It», *Odyssey,* 2 de septiembre de 2016, https://www.theodysseyonline.com /minority-vs-minoritize.

19. Emma D. Cohen, Will R. McConnell, «Fear of Fraudulence: Graduate School Program Environments and the Impostor Phenomenon», *Sociological Quarterly* 60, no. 3 (2019): 457-478; Mind Tools Content Team, «Impostor Syndrome: Facing Fears of Inadequacy and Self-Doubt», *Mindtools,* https://www.mindtools.com/pages/article/overcoming-impostor-syndrome.htm; Sindhumathi Revuluri, «How to Overcome Impostor Syndrome», *Chronicle of Higher Education,* 4 de octubre de 2018, https://www.chronicle.com/article/How-to-Overcome-Impostor/244700.

20. Beronda L. Montgomery, «Mentoring as Environmental Stewardship», *CSWEP News* 2019, no. 1 (2019): 10-12.

21. Montgomery, «Mentoring as Environmental Stewardship».

22. Angela M. Byars-Winston, Janet Branchaw, Christine Pfund, *et al.*, «Culturally Diverse Undergraduate Researchers' Academic Outcomes and Perceptions of Their Research Mentoring Relationships», *International Journal of Science Education* 37, no. 15 (2015): 2533-2553; Christine Pfund, Christine Maidl Pribbenow, Janet Branchaw, *et al.*, «The Merits of Training Mentors», *Science* 311, no. 5760 (2006): 473-474; Christine Pfund, Stephanie C. House, Pamela Asquith, *et al.*, «Training Mentors of Clinical and Translational Research Scholars: A Randomized Controlled Trial», *Academic Medicine* 89, no. 5 (2014): 774-782; Christine Pfund, Kimberly C. Spencer, Pamela Asquith, *et al.*, «Building National Capacity for Research Mentor Training: An Evidence-Based Approach to Training the Trainers», *CBE-Life Sciences Education* 14, no. 2 (2015): ar24.

23. Center for the Improvement of Mentored Experiences in Research, https://cimerproject.org/#/; National Research Mentoring Network, https://nrmnet.net/; Becky Wai-Ling Packard, mentoring resources, n.d., https://commons.mtholyoke.edu/beckypackard/resources/.

24. Recientes investigaciones y debates han puesto de relieve la necesidad de prácticas culturalmente apropiadas en la tutoría y el liderazgo. Dichas prácticas reconocen que las personas proceden de entornos diversos, con normas y prácticas culturales específicas. A menudo se requiere que los tutores y líderes desarrollen competencias culturales para apoyar eficazmente a individuos de culturas muy diferentes; Torie Weiston-Serdan, *Critical Mentoring: A Practical Guide* (Sterling, VA: Stylus, 2017)*,* 44; Angela Byars-Winston, «Toward a Framework for Multicultural STEM-Focused Career Interventions», Career *Development Quarterly* 62, no. 4 (2014): 340-357; Beronda L. Montgomery, Stephani C. Page, «Mentoring beyond Hierarchies: Multi-Mentor Systems and Models», artículo elaborado por encargo del Comité de las Academias Nacionales de Ciencias, Ingeniería y Medicina de Estados Unidos sobre tutoría efectiva en STEMM (2018), https://www.nap.edu/resource/25568/Montgomery%20and%20Page%20 -%20Mentoring.pdf.

25. Weiston-Serdan, *Critical Mentoring,* 44; véase también Joseph A. Whittaker, Beronda L. Montgomery, «Cultivating Diversity and Competency in STEM: Challenges and Remedies for Removing Virtual Barriers to Constructing Diverse Higher Education Communities of Success», *Journal of Undergraduate Neuroscience Education* 11, no. 1 (2012): A44-A51.

26. Betty Neal Crutcher, «Cross-Cultural Mentoring: A Pathway to Making Excellence Inclusive», *Liberal Education* 100, no. 2 (2014): 26.

27. Weiston-Serdan, *Critical Mentoring,* 14.

28. George C. Banks, Ernest H. O'Boyle Jr., Jeffrey M. Pollack, *et al.*, «Questions about Questionable Research Practices in the Field of Management: A Guest Commentary», *Journal of Management* 42, no. 1 (2016): 5-20; Ferrie C. Fang, Arturo Casadevall, «Competitive Science: Is Competition Ruining Science?» *Infection and Immunity* 83, no. 4 (2015): 1229-1233; Shina Caroline Lynn Kamerlin, «Hyper-competition in Biomedical Research Evaluation and Its Impact on Young Scientist Careers», *International Microbiology* 18, no. 4 (2015): 253-261; Beronda

L. Montgomery, Jualynne E. Dodson, Sonya M. Johnson, «Guiding the Way: Mentoring Graduate Students and Junior Faculty for Sustainable Academic Careers», *SAGE Open* 4, no. 4 (2014): doi: 10.1177 / 2158244014558043.

Conclusión

Epígrafe: Monica Gagliano, *Thus Spoke the Plant: A Remarkable Journey of Groundbreaking Scientific Discoveries and Personal Encounters with Plants* (Berkeley, CA: North Atlantic Books, 2018), 93.

1. Sonia E. Sultan, «Developmental Plasticity: Reconceiving the Genotype», *Interface Focus* 7, no. 5 (2017): 20170009, 3.

2. Monica Gagliano, Michael Renton, Martial Depczynski, Stefano Mancuso, «Experience Teaches Plants to Learn Faster and Forget Slower in Environments Where It Matters», *Oecologia* 175, no. 1 (2014): 63-72; Evelyn L. Jensen, Lawrence M. Dill, James F. Cahill Jr., «Applying Behavioral-Ecological Theory to Plant Defense: Light-dependent Movement in *Mimosa pudica* Suggests a Trade-off between Predation Risk and Energetic Reward», *American Naturalist* 177, no. 3 (2011): 377-381; Franz W. Simon, Christina N. Hodson, Bernard D. Roitberg, «State Dependence, Personality, and Plants: Light-foraging Decisions in *Mimosa pudica* (L.)», *Ecology and Evolution* 6, no. 17 (2016): 6301-6309.

3. Beronda L. Montgomery, «How I Work and Thrive in Academia-From Affirmation, Not for Affirmation», Being Lazy, Slowing Down Blog, 30 de septiembre de 2019, https://lazyslowdown.com/how-i-work-and-thrive-in-academia-from-affirmation-not-for-affirmation/.

4. Beronda L. Montgomery, «Academic Leadership: Gatekeeping or Groundskeeping?» *Journal of Values- Based Leadership* 13, no. 2 (2020); Beronda L. Montgomery, «Mentoring as Environmental Stewardship», *CSWEP News* 2019, no. 1 (2019): 10-12.

5. Montgomery, «Academic Leadership»; Beronda L. Montgomery, «Effective Mentors Show up Healed», Beronda L. Montgomery website, 5 de diciembre de 2019, http://www.berondamontgomery.com/mentoring/effective-mentors-show-up-healed/.

6. Andrew J. Dubrin, *Leadership: Researching Findings, Practice, and Skills,* 4ª ed. (Boston: Houghton Mifflin, 2004).

7. Beronda L. Montgomery «Pathways to Transformation: Institutional Innovation for Promoting Progressive Mentoring and Advancement in Higher Education», Susan Bulkeley Butler Center for Leadership Excellence, Purdue University, Working Paper Series 1, no. 1, Navigating Careers in the Academy, 2018, 10-18, https://www.purdue.edu/butler/working-paper-series/docs/Inaugural%20Issue%20May2018.pdf.

8. Miller McPherson, Lynn Smith-Lovin, James M. Cook, «Birds of a Feather: Homophily in Social Networks», *Annual Review of Sociology* 27, no. 1 (2001): 415-444.

9. Montgomery, «Academic Leadership».

10. Szu-Fang Chuang, «Essential Skills for Leadership Effectiveness in Diverse Workplace Development», *Online Journal for Workforce Education and Development* 6, no. 1 (2013): 5; Katherine Holt, Kyoko Seki, «Global Leadership: A Developmental Shift for Everyone», *Industrial and Organizational Psychology* 5, no. 2 (2012): 196-215; Nhu TB Nguyen, Katsuhiro Umemoto, «Understanding Leadership for Cross-Cultural Knowledge Management», *Journal of Leadership Studies* 2, no. 4 (2009): 23-35; Joseph A. Whittaker, Beronda L. Montgomery, «Cultivating Institutional Transformation and Sustainable STEM Diversity in Higher Education through Integrative Faculty Development», *Innovative Higher Education* 39, no. 4 (2014): 263-275; Joseph A.Whittaker, Beronda L. Montgomery, Veronica G. Martinez Acosta, «Retention of Underrepresented Minority Faculty: Strategic Initiatives for Institutional Value Proposition Based on Perspectives from a Range of Academic Institutions», *Journal of Undergraduate Neuroscience Education* 13, no. 3 (2015): A136-A145; Torie Weiston-Serdan, *Critical Mentoring: A Practical Guide* (Sterling, VA: Stylus, 2017).

11. Stephanie M. Reich, Jennifer A. Reich, «Cultural Competence in Interdisciplinary Collaborations: A Method for Respecting Diversity in Research Partnerships», *American Journal of Community Psychology* 38, no. 1 (2006): 51-62.

12. Montgomery, «Academic Leadership».

13. Montgomery, «Mentoring as Environmental Stewardship».

14. Montgomery, «Academic Leadership».

Agradecimientos

Decir que este libro es una historia de amor a las plantas no expresa con exactitud lo que representa para mí. Ellas me enseñaron la reciprocidad. Doy las gracias a los miembros de mi comunidad científica, que, durante décadas, han compartido conmigo sus conocimientos, su entusiasmo y su continua curiosidad por las plantas.

Quiero dar las gracias también al equipo editorial de Harvard University Press por su apoyo, incluida Janice Audet, que con sus incansables esfuerzos me animó a creer que este proyecto era viable, y a Louise Robbins, que fue una colaboradora ejemplar.

Algunos extractos del Capítulo 5 se publicaron previamente como «Three Sisters and Integrative Faculty Development,» Plant Science Bulletin 63, no. 2 (2017): 78-85 y algunos pasajes del Capítulo 6 aparecieron por primera vez en un artículo titulado «From Deficits to Possibilities», *Public Philosophy Journal* 1, no. 1 (2018). Agradezco a esas publicaciones que me hayan permitido presentar aquí esos estudios iniciales.

Mi trabajo en este libro se ha visto estimulado por el gran apoyo que he encontrado en muchos espacios literarios: los espacios de literatura de la facultad (Faculty Writing Spaces) y los facilitados por la Red de Investigación sobre la Diversidad (Faculty Research Network), así como el maravilloso espacio y apoyo que me proporcionaron en Easton's Nook las hermanas Jacquie y Nadine.

Estoy muy agradecida a mi maravillosa familia y a mis amigos incondicionales por estar siempre a mi lado. No estoy segura de poder encontrar las palabras adecuadas para dar las gracias a mi hermana mayor, René. Siempre he dicho que tu llegada a este mundo antes que yo debió de ser obra del destino. Aunque te contraté de niña para que me ayudaras en mis investigaciones científicas y luego te despedí muy pronto, con tu obstinación, has seguido siendo (y con gran éxito) mi mejor amiga, así como mi primera y más duradera tutora. Te aferraste con valentía a tu papel de orientadora y guía, incluso cuando la tarea era ardua y compleja. Me he enfrentado a casi todos los retos de la vida contigo a mi lado (cuando no me protegías poniéndote delante de mí), y los he superado en su mayoría gracias a tu orientación, sabiduría e infinita paciencia. También has sido siempre copartícipe de todos mis triunfos, incluida la escritura de este libro. Ni mi vida ni este libro serían lo que son sin ti.

Por último, de todas las cosas que aspiraba a hacer, y a hacer bien, ser madre de Nicolas ha sido siempre mi mayor prioridad, ¡mi máxima alegría! Cada una de tus hermosas cualidades ha sido un regalo para mí. Gracias, Nicolas, por ser un hijo maravilloso, un pensador brillante y creativo, un espíritu generoso y compasivo, y una fuente inagotable de inspiración por la audacia y confianza con que avanzas en la vida. ¡Sigue aprendiendo, sigue aportando, sigue creciendo!

Para más información:

EDITORIAL
CARBRAME
www.editorialcarbrame.es
editorialcarbrame@gmail.com